フィギュール彩 78

The Life of Snow Monkeys

K[illegible]o Wada

温泉ザル

スノーモンキーの暮らし

和田一雄

figure Sai

彩流社

はじめに

頭に雪をかぶり、温泉でくつろぐニホンザル。写真などで目にしたことがある人も多いだろう。最近では風物詩として、冬になると毎年のようにテレビでもその様子が紹介されている。特に有名なのが、長野県志賀高原の地獄谷で露天風呂に入る野生のニホンザル達で、彼らのような雪国で暮らすニホンザル達は、いつしか「スノーモンキー」と呼ばれるようになった。

スノーモンキーが広く知られるようになったきっかけは、地獄谷野猿公苑(長野県下高井郡山ノ内町)でニホンザルが冬に露天風呂に入っている様子を撮った写真が1970年にアメリカの雑誌『ライフ』に掲載されたことにあった。その後も、1998年の長野冬季オリンピックの際に海外のマスコミに取り上げられ、2006年には地獄谷野猿公苑のスタッフ、萩原敏夫さんの撮った写真が、アメリカの「ネイチャーズ・ベスト国際写真コンテスト」で大賞を受賞。欧米を中心に世界的に注目されるようになった。

地獄谷野猿公苑には、国内からはもちろん海外からもたくさんの観光客が訪れており、2010

年、長野駅から、地獄谷野猿公苑の最寄り駅である湯田中駅を結ぶ長野電鉄の特急電車は、「スノーモンキー」号と命名された。

そんなスノーモンキーと私の出会いは1960年に遡る。

当時は、ニホンザルの生態調査が始まって間もない頃である。日本でのサル研究は1948年に始まったのだが、当初はサルを見つけるのに手こずり、1952年になってようやく、宮崎県幸島で野生のニホンザルの餌付けが成功した。その翌年の53年には大分県高崎山でも餌付けが行われ、同様に社会学的調査に着手した。海岸までおびき寄せたサルを観察して個体識別することで、社会行動を詳細に観察することができるようになった。しかし、餌付け場所を離れた、自然な状態の群れの連続観察はあまり行われていなかった。なぜなら、山中では木々が生い茂り、視界が限られるため、観察どころか見つけること自体がなかなかに難しいことだからだ。

このような状況にあった1958年、一通の手紙が京都大学霊長類研究グループの伊谷純一郎さんのもとに届いた。地獄谷の温泉旅館、後楽館の女将、竹節春枝さんからだった。

1864年創業の後楽館は、地獄谷に一軒だけの温泉旅館である。志賀高原上林の温泉街から2kmほどのところで、150年ほど前から営業している、地獄谷に一軒だけの旅館だ。当時の女将、春枝さんは、旅館の裏にあるささやかな畑から野菜を収穫しているときに、近くの林の中でがさごそと木の実を探して食べているサルにお目にかかることがたびたびあった。春から秋までは林には何がしかサルの餌になるものが豊富にあるのだが、冬になると、積雪2－3mにもなる志賀高原ではサルの食べ物はなくなる。腹をすかせ、寒さに震えて、木の枝の上で数匹かたまっている様を見ると、春枝さんに限らず誰でもかわいそうに思え、何とか助けてやりたくなるものだ。どんな暮らしをしているのか調べてもらい、何よりも餌を与えるにはどうしたらよいのか教えてもらいたいと思っていたのだが、たまたまテレビで京都大学霊長類研究グループの伊谷さんの存在を知った春枝さんは、誰かサルのことを調べる人を送ってくれないかと手紙を出した。

厳冬期の魚野川。群れを求めて歩く。（写真：筆者）

春枝さんのこの依頼は、回りまわって当時大学院生だった私のところに来た。札幌生まれの私は、蒸し暑い夏の京都でうんざりしていたので、それっとばかりに志賀高原行きの話に飛びついた。子供の時から楽しんできたスキーをしながら、サルの調査もできるのだから、こんな楽しいことはない。

当時、ニホンザルの生態調査はまだ始まったばかりだったのは先に述べたとおりだが、冬に木の葉が落ちて、雪が積もる志賀高原の冬ならサルの観察に打ってつけである。見通しがよくなる上に、一面銀世界なのだから、サルを見つけやすくなるのだ。この頃、大学院でうろうろしていた私達が聞くサルの話はどれもこれも、餌付け群の社会行動についてばかり。

一日中サルの餌場にいて同じサルの顔を観察することに、私は正直あまり惹かれなかった。餌に惹きつけられているサルではいろんな行動にゆがみが生じているはずだし、いろんな種類の森林でどんな生活をしているのかわからない。私を含む若い仲間達は、自然状態での群れを観察するのにどこかいい調査地はないかと探していた。東北地方を狙って、下北半島、朝日連峰、蔵王連山、飯豊連峰などを歩き回ったが、一度もサルに出会わなかった。戦前から戦中にかけて野生動物はハンターの集中砲火を浴び、個体数は激減、人を見ればすたこら逃げだしてしまう。1950年代に今西錦司、川村俊蔵、河合雅雄、伊谷らの先輩達が同じようにいいサルの調査地を探して、四苦八苦していたわけで、私達もまた、同じようになかなかいい調査地の見通しがつかないでいたところに飛び込んできたのが、志賀高原のサル調査の話だったというわけである。

私は野生の、自然状態にあるサルの生態を明らかにすることに加え、早速スノーモンキーをテーマにしたわけだ。さらに、ニホンザルがなぜ寒い冷温帯にまで分布域を広げたのかを明らかにしたいと考えた。ニホンザルを含むサル(霊長類)は熱帯起源で、本来、温暖な地域を好むとされているからだ。なお、ニホンザルとは、オナガザル科マカカ属に分類されるサルで、日本に固有の種である。大きいもので体長60㎝、体重10㎏ほど、雑食ではあるが、食べるものは主に植物だ。分布域は青森県下北半島を北限とし、本州、四国、九州に及び、屋久島には亜種としてのヤクシマザルがいる。温泉に入ることとか、サルが積雪地帯で生きていること自体がとても珍しいことなのだ。

さて、こうして私は春枝おばさんの後楽館に下宿して、ごちそうになりながらのサル調査を始めた。1960年夏、私は早速、志賀高原を手当たり次第に歩き出した。しかし、2、3ヵ月歩いてもサルに出会うこともなく、いささかうんざりしてきた。辛抱強く歩きまわった末、調査の見通しがついたときはすでには冬になっていた。

志賀高原の標高1500mより下は、ブナ、シイ、カシなどの落葉広葉樹林で構成されるブナ帯なので、冬になるとすべての葉が落ち、見通しが良くなる。さらに雪面にサル達の足跡がしっかり残るので、それを追跡することによって、群れの発見が格段に容易になった。スキーを利用できるようになったことも大きい。高天原から金倉林道を歩き、横湯川の源流部や、岩菅山や横手山から周辺の流域はスキーで滑り込めるようになり、広範囲を観察できるようになったのだ。結果、各所で群れを発見し、特に横湯川流域に群れが3群いることを確認できたのだ(図1)。

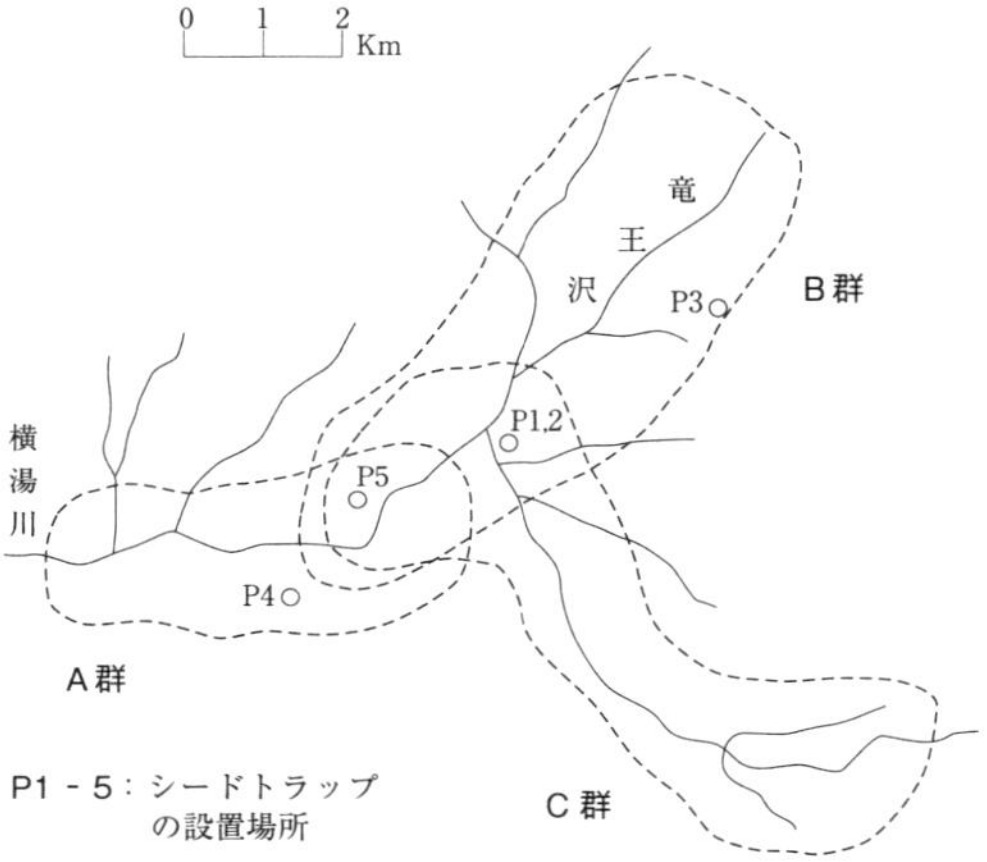

図1　横湯川流域の3群の遊動域（1970-90年頃）

本書では、温泉に入ることで有名な志賀高原地獄谷のニホンザルの、その入浴行動のみに留まらず、スノーモンキーと呼ばれる、多雪地帯に棲息するニホンザルの生活や特徴、そして、人との関わりを全般的に紹介する。

青森県の白神山地のサルも含まれる。どちらの調査地とも、日本海型の多雪地帯で、冬には積雪2－3mに達する、典型的なブナ帯に含まれている点で共通しており、したがってどちらも「雪のサル」、スノーモンキーだからである。

目次

第一章　温泉に入るサル

1　なぜ温泉に入るようになったのか

地獄谷の旅館、後楽館には露天風呂があった。いまや温泉に入ることで有名な地獄谷のサル達だが、かつてはその湯には入らず、露天風呂に温泉を引くためのパイプが埋めてある場所にかたまって寒さをしのいでいた。温泉が湧き出しているところでは66－76℃ほどある塩類泉である。数匹で体を寄せ合って、尻だこ(尻の皮膚で、たこのように厚く硬くなった部分)を雪面に下ろして座り、と、後ろ足の毛が生えていない部分は浮かして、足の毛が生えている部分だけが雪面につくようにしている。志賀高原一帯では、冬の気温が零下15℃くらいにまで下がるので、極力体温を消耗しない姿勢を工夫しているわけである。

つまり、地獄谷のニホンザル、スノーモンキー達は、当初から温泉に入っていたわけではないのだ。体を温めるのが目的で温泉に入りだしたのでもない。では、なぜ温泉に入るようになったのだろうか。

動機は「餌」である。

1960年に私のサル研究の調査対象が、志賀高原のニホンザルと確定した頃、この地域は1つの問題を抱えていた。50年代から、横湯川流域(図2)の下流側のリンゴ園で、サルにリンゴを食われる被害が発生していたのである。「猿害」である。そしてその犯人は、私達が横湯川流域で発見した群れの1つ、A群だった。

猿害を受けていたリンゴ農家の人達はA群をそっくり駆除するように当時の環境庁に申請していたが、1961年に許可されてしまった。いよいよニホンザルの野生群の生態調査開始、というときにである。

さて、どうするか。後楽館の竹節春枝さん、竹節鶴久さん、サルが好きで横湯川のサル達を観察していた長野電鉄の原荘悟さん、志賀高原の地主である一般財団法人和合会の仕事をしていた山本教雄さんなど、私達仲間は繰り返し相談した。多士済々が集まって相談した結果は、A群が下流に降りて来ないよう、やや上流域に餌付けすることにした。餌付け場所として選ばれたのが後楽館の周辺である。リンゴを置く日々が続いた。一冬ほどの餌付けの試みで、意外に早くサルはそのリンゴに手を伸ばしてくれて、餌付けは1963年に成功した。もともと、リンゴ園のリンゴを荒らしているサル達だったので、リンゴの味は先刻承知というわけだ。

群れを餌付けしたら、それを管理する主体が必要となり、長野電鉄が筆頭株主の株式会社「地獄谷野猿公苑」が生まれた。餌付けをする前に集まって議論していた仲間内では、Ａ群の餌付けはあくまで取り除かれないようにするのが目的であって、観光資源化や利益化は必要ないと考えていた。

さて、餌付けに成功した直後の１９６３年の冬のことだ。後楽館の小さな露天風呂の周りで、係の人がリンゴをサルに与えていた。私もそばにいて目撃したのだが、サルに放ってやったリンゴがたまたま風呂の中に転がり込んだ。それを見ていた１－３才のコドモやオトナメスは風呂に入ってリンゴを取るかどうか躊躇していた。すると、そのうちの１匹（１才）がリンゴの誘惑に抗いがたく、取ろうとしてずるずると温泉に入り込んだ。このときは、リンゴを拾ったあとすぐに湯から出てしまった。ところが、５分もしないで同じサルが風呂に飛び込み、居心地がいいのか今度はじっとして中で動かない。それを、風呂の周りにいた若いサル達が群れて眺めていた。

これは面白いと思い、露天風呂の中にさらにリンゴを投げ入れると、１度

図２　志賀高原・横湯川の地図

地獄谷の旅館、後楽館。（写真：筆者）

入った1才は躊躇せずに入り、リンゴを拾い、中で座り込んで動かない。こんなことを数回繰り返したら、周囲で見ていた若いサル達はしだいに露天風呂に入ってリンゴを取り、動かないようになった。これがサル達が露天風呂に入るきっかけであった。このサルの入浴の習慣は1－2ヵ月もすると2才2頭、3才3頭に広まり、間もなくオトナメス、ワカモノ達が入るようになった。

有志が集まって始めた餌付けは、成功後に結成された「地獄谷野猿愛護会」に援助されるようになり、愛護会はさらに株式会社地獄谷野猿公苑に発展した。地獄谷野猿公苑は、後楽館の横湯川対岸に餌場とサル専用の露天風呂を作り、いまに至っている。サル達の冬の入浴習慣も定着したが、露天風呂に入れないサルがいる。群れの高順位のオス・メスが入ると低順位のサル達は入れないのだ（詳細は後述）。それにしても、新しい習慣を作り出してそれになじむのは若い個体であるのは興味深い。

現在、地獄谷野猿公苑に冬に行くと、サル達は落ちてくる雪を頭に乗せて目をつぶり、20－30分でも露天風呂に入っている。冬には山には食べるものもないし、寒いので、露天風呂を出る理由はないわけだ。

一方、冬以外の時期に地獄谷に行くと、サルはあまり露天風呂に入らない。これでは入苑客は見るものがないとばかりに、係員は餌を露天風呂の中に投げ入れるので、サルはやむを得ず露天風呂に入り込む。食べ終わると、みんなさっさと露天風呂を出てくる。

上流域にいる野生群を見ていると、普通地上を、また枝から枝へ渡り歩いているが、餌が豊富な林をめざして横湯川の本流を渡ることがある。そんな時は、なるべく流れのゆるやかな浅瀬を選んで泳いでいる。上流域には温泉も出ていないし、よほどのことがないと水に入らないのがサル達なのだといっていいだろう。

2 なぜ雪国で生きられるのか

温泉でくつろぐサルの姿に心癒やされながらも、おそらく誰しもが不安になってしまうのではなかろうか、「温泉に入ったはいいけれど、あの寒さの中、濡れた体で湯から出て凍えてしまわないものか」と。温泉は43℃に調整されている。人間の風呂だと、熱い湯好みというところだろう。

1975年の冬にサルを捕獲して、その手指を氷水につけて皮膚温の変化を調べたことがある。たとえば人間の指、鼻、顎などの局所を氷などで冷やすと、その部分の皮膚温が急速に下がり、あるところまで下がると少し昇温する。昇温したあとは、また皮膚温が下がり、ある程度までくると再び上がるということが繰り返される。これを寒冷血管反応と言う。血管を収縮して血流を低下さ

冬、地獄谷の温泉に入る母仔（写真：筆者）

せることで体温の放出を抑えるとともに、下がりすぎないように血管を拡張して血流を改善しているのである。これが、局所が凍傷になることを防いでいるといわれているのだが、スノーモンキーの場合はどうかを調べたのである。

結果、志賀高原のサルは、雪の降らない地方のサルに比べて皮膚温の低下がゆっくりしていることが分かった。サルの体温は38・6℃、指先は20℃ある。0℃以下の水に手を入れると、指の皮膚温はゆっくり低下し、30分後に1～5℃に達して止まり、その後昇温に転じた（岡田 1975）。人の手指を零下3℃から零下7℃の寒冷下に置くと、エスキモーは白人に比べて手指の皮膚温の低下が著しく遅く、40分後でも15℃に保たれているという。志賀高原のサルでも、エスキモーの場合と同じく、寒さに対する防衛反応が働いているのではないかと言われている。

また、志賀高原のサルは、冬でも深部温（直腸温）はあまり上昇しないという。このことは、冬になっても代謝を高めることはないことを示し、いわば冬眠に近い状態にあるともいえる。さらに、体を丸くして体表面を小さくし、毛の密度を高くして、効率的に体からの放熱量を減らしている（末梢熱絶縁)というのだ。確かに、冬になるとサルは、体を丸め、手を腹側に入れ、足の裏を雪面につけないように内側に曲げて、冷えない工夫をしている。

また、寒冷地の動物は体が大きい。これをベルグマンの法則というのだが、たとえば、クマ類(ウルスス属)のヒグマではオスの体重が150-300kg、メスで100-200kg、ツキノワグマではオスで70-150kg、メスで50-150kg、北方に生息するヒグマが温暖な地方に生息するツキノワグマに比べて大差で大きい。また、同じ北海道に棲むヒグマでも厳寒の道東に棲むヒグマはそれ以外の地域のものに比べて大きい、また私がカムチャッカ半島沿岸を船で南下していたときに見たヒグマは北海道のヒグマに比べて一回り大きいと思われた。いづれの場合も遡上サケが多い地方ほどヒグマは大きいのだとも言われている。体が大きければ体重に対する体表面積の割合が少なくなり、体温の消耗が少なくなるので、寒い地方に棲むには有利になり、ベルグマンの法則に合っているわけだ。

では、サルではどうか。まさにベルグマンの法則どおりで、志賀A群は重い体重、大きな胸郭、太くて短い四肢である。体重でいえば、志賀高原のオトナオス・メスでそれぞれ15・4kg、13・4kg(渡辺、1975)である。志賀高原と同様に白山(石川県・岐阜県)や日光(栃木県)のサルも大きめの傾向を示す。南方のサル、例えば高崎山のオトナオス・メスの体重は、それぞれ9・1kg、7・2kg(杉山ら、1995)なので、志賀高原のメスの体重は高崎山のオスより重い。胸郭についても同様の傾向を示す。資料は少ないが、白神山地のメスは冬に体重が13kgを示し、ニホンザルで最も重いと思われる。また、ニホンザルを含むマカカ属の中で、ニホンザルは重い体重を持ち、アカゲザルやカニクイザルに比べて短い四肢を持つことから最も寒冷な地帯に生息する特徴を備えていると言えるのである。

体から熱が奪われるのを、さまざまな生理的機能で防いでいるわけだが、体温保持と言えば、何といっても毛の密度がどうなのかが気になる。直径1㎝円内の毛の本数を密度として見ると、日光(1月の平均気温零下1・3℃)の群れが最も密で、オトナで1124本。次いで志賀高原(零下2・0℃)の996本。最も低い値は屋久島(11・2℃)の526本。毛の長さでは志賀高原が最長の64㎜、最短は高崎山(4・9℃)の46㎜だが、屋久島では63㎜を示すので、志賀高原の値に近い(稲垣、1992)。毛の密度は寒さと比例して高くなると言えるのだが、毛の長さは違う要素が働いているようだ。長い毛をもつ群れは降雨量が多い地方にあるので、雨を凌ぐ役割をも果たしているとも考えられる。

ただし、毛の密度が高く、長くても、温泉に入った後では、サルの毛は体にぴったり張り付いている。水は体表面に達しているだろう。私は鰭脚類の研究もしているのだが、例えば、キタオットセイでは毛が極めて密(体表1㎠に2－6万本)なので、海水が体表面に達することがない。5－15℃の海水温の海域を回遊するのだが、毛に守られて体温を一定に維持しているようだ。

サルはずぶ濡れで零下の外気温に触れても風邪ひとつひかないのはなぜだろうか。人なら間違いなくひどい風邪を引くだろう。人が風呂に入っていると体温が上がり、体中の汗腺が開いている。

汗腺は体温調節をする大切な器官なのだ。人が風呂からいきなり寒い気温のところに出ると、開きっぱなしの汗腺から水分が蒸発して、体温が一気に下がるのだ。汗腺にはエクリン腺とアポクリン腺の2種類あり、主にエクリン腺が水分調節に働いている。エクリン腺とは人以外の動物ではほとんど発達していないので、汗をかかない。急激な運動をすると体温を体外に出すことができないので、死ぬことがある。オットセイを陸上で追いかけると、突然パタッと死ぬことがあるのは、その例だ。

これからも分かるように、サルではエクリン腺の発達が悪いし、毛も生えているので、直接零下の外気に触れても人のように風邪をひかないというわけだ。

3　冬の名物、サルだんご

晩秋、まだ降雪がない志賀高原でサルの調査をしていた時、2－3日続けて日没後、サルの泊まり場を見に行ったことがあった。木の上のやや太い枝に数頭抱き合ってかたまっていたり、地面で数頭が抱き合っていたり、樹の根っ株に頭を乗っけて1頭で寝ていたり、実にさまざまであった。秋よりも寒さが厳しくなる冬は当然のごとく、沢山かたまって寝ているだろうと予想して、ひと仕事しようと考えた。サルだんごの研究開始だ。

サルだんごとは、寒い時期にニホンザル達が、まるでおしくらまんじゅうをしているかのように、密集して、抱き合い、身体を密着させている状態のことである。その時々の寄り集まりなので、メンバーも大きさも必ずしも同じではない。

調査は、個体識別のために野猿公苑の常田英士さんの助けを借りながら、1982年と、84、85年の3回の冬にかけて、志賀高原で最も寒い1－2月、餌付け群（A_1）を対象に、夕方から夜、そして早朝5時から群れが餌場に下りて来るまでの時間、木の上で誰と誰がくっ付いて寝るのかの観察を行った（Wada et al, 2007）。この3年間の1－2月の41日間で、延べ313のだんご、計1003頭のサルを観察した。

野猿公苑では毎日3－5回、サルに餌を与えるが、午後3時30分ころ最後の餌を食べ終わったサルは、少しうす暗くなる午後4時30分には少しずつ林の方に移動し始める。寝に戻る林は餌場から300m以内の林で、スギ林と落葉広葉樹林の割合が半々で構成されているが、サル達はたいていスギの木の上で休む。降雪のあった9日間はすべてスギ林であった。

スギと落葉広葉樹としてのシラカバの樹幹に寒暖計を付けて夜と日中の温度差を調べたのだが、スギの方が落葉広葉樹に比較して2－3℃高かった。おそらく、スギの樹冠に雪が積もって傘のような形になって、風を防いだり、降雪を防いだりしているからだろう。積雪のない地方、例えば、宮城県の金華山島では地面に座って抱き合っており、志賀高原のサル達は明らかに雪面にじかに座ることを避けて、必ず樹上を利用した。

さて、林までついて行って様子を見ていると、彼らはすぐにはかたまらずしばらく樹冠をうろうろ歩きまわったりしているが、とっぷりと日が暮れたころ数頭ずつ枝の上で抱き合いはじめる。下からのぞくと頭上5－6mほどの枝の上にいる。常田さんが下からサルの顔を確認するために強い光を当てると、何をするといわんばかりの顔つきで、顔をそむけたり、さらには抱き合いをやめて、ゴソゴソと動き出したりした。こんなことを2－3日続けると、面倒くさくなったのか、顔をそむけただけで動かなくなり、サルだんごの個体識別ができるようになった。

昼間でも身体を寄せ合い、“サルだんご”で寒さをしのぐ。（写真：萩原敏夫）

だんごが何頭で作られているかを数えてみると、一番小さいので2頭、最大で10頭。平均した頭数は3頭であった。その中で2－6頭の大きさのだんごが95％と大部分を占める。なお、だんごの大きさは、気温0℃に比べて零下5℃ではやや大きくなるが、それほど差はなかった。

さて、2頭からなるだんごはすべて母親とそのアカンボ（0才）によるもので、枝を見上げて最初に目に入るのはたいていこれだった。だんごとはいえど、抱かれたアカンボはすっかり母親に覆われて姿が見えないことが多い。

そして、この母親とアカンボという組み合わせに、母親の姉妹が自分のアカンボや1－2才の子供をつれて加わる、といった具合に規模が大きくなっていく。観察しただんごの約70％は、このような血縁同士で作られていたのだ。そのうち、最大の10頭のだんごもすべて、血縁関係にあるサル達だけで作られていた。

だんごを作るサル達は日中でも互いに近くにいて、よく毛づくろいをしており、眠るときもごく自然に近付き、抱き合うのだ。

ところで面白いことに、母ザルと子ザルはたいていくっついて眠るのだが、１００％のアカンボが母親と抱き合うのに対し、１才のコドモの20％ほどは他の血縁・非血縁メスとくっつく。そして、２才オスでは67％、３才オスでは95％が他の血縁・非血縁メスとくっつくというように、年齢とともに母親からの独立を示していた。特に、３才オスでは時に血縁とは関係なく同年齢だけでだんごを作ることがあった。メスの場合は母親からの独立は比較的ゆっくりしており、２才で53％、３才で59％であった。

こうして、志賀高原のニホンザルのだんごを大きくすることに貢献しているのは、どうやらメスを中心とした血縁集団であるとわかった。観察したA1群には7家系あったが、最大のトモエ家系では、高順位のオトナメス同士や、若いメス同士でくっついていた。いずれの家系でも同じようなメス同士のかたまる傾向が見られた。

では、オスはどうしているのだろうか。１９８２年時点でA1群のアルファオス(順位が1位のオス)だったナンダは、たいてい自分の家系のメス達のだんごに入っていた。

だが、ナンダは別格で、他のオス達が血縁関係にあるもの同士でだんごを作ることは極めてまれだ。もともと昼間でも、オスは他の個体とは距離をおいていることが多い。それぞれ別個におり、接近することは大変少ない。しかも、オスはある程度の年齢になると自分が生まれた群れを離れることが多い。つまり、A_1群のオスの大部分は他群出身で、そもそも血縁関係にあるメスを持たないのである。簡単に接近できる仲間がいないオス達は、群れが泊まり場に引き揚げて行くときには最後まで餌場周辺で餌を探していたり、たがいにケンカをしたり、素直に群れに追随することはない。泊まり場に着いてからでも、メスやコドモ達が抱き合って静かになっても、オス達は1頭ずつうろうろしているだけで、互いに近づこうという気配をなかなか見せない。とっぷりと日が暮れてからやっと2－4頭ほどで集まり、抱き合う。他群から移籍してきた移籍組同士か、A_1群のワカオス達とだんごを作ることが多く、高順位のオス達とかたまることはない。早朝5時頃に出かけてみると、最も早くばらけるだんごもオスのものだった。

このようにオスの多くは非血縁で、昼間でも他の個体と接近することは少なく、夜もなかなか体をくっつけようとしないのだが、だんごの総数313に対し、1頭でいたのは25頭で、意外に少ない。内訳は、オス16頭、メス9頭であった。オス16頭のうち、13頭はオトナでそのうちの6頭は隣接群からの移籍組であった。オスでも若い個体はオトナよりも柔軟に対処して、他個体と抱き合い、だんごを作っているわけである。

ここで、他地域のサルだんごはどのようになっているか、見てみよう。宮城県の牡鹿半島の先端にある金華山島にいるサル達も、冬になって寒くなるとだんごを作る。だが、ここは積雪がないので、サル達は地面に座って抱き合っている。志賀高原のような枝上ではなく物理的な制約がないことが影響するのか、だんごは大きくなっている。志賀高原で平均3頭だったのに対し、金華山島では7頭であった(Takahashi, 1997)。

兵庫県小豆島の銚子渓のサルも、金華山島と同じく地上で抱き合うが、その規模は桁違いだ。サルだんごは平均して17頭、大きいものは100頭を超える数から成り立っているという。寒さに対する体温保持がだんご形成の理由だとしたら、志賀高原でのだんごが一番大きくなるはずだが、一番気候が温暖な銚子渓で大きいのだから、別の要因があることになる。銚子渓の群れではオスでもメスでも優劣の順位が緩やかなので、非血縁で、順位に差があっても、互いの接近が容易で、大きなだんごを作れるのだ(張、2012)。銚子渓は、いわば群れの個体間関係が緩やかな寛容型社会で、志賀高原や金華山島はそれに比べて個体間関係が厳密な専制型社会と考えられよう。ニホンザルでも群れによってこれだけの差が生じるというのだから面白い。

なお、銚子渓のような温暖な地域ではだんごが大きくなる傾向にあるかというと、これまたそうでもないらしい。今のところ、銚子渓以外で100頭を超えるサルだんごは知られていない。なぜなのか。銚子渓だけの行動特性だとすると、この群れだけが獲得した文化的行動だと考えるほかない。餌条件が厳しくなく、寛容型社会の銚子渓では、冬に遊び心でくっつきあう遊びをし、容易に大きなサルだんごを作る行動が繰り返されているうちに、それが群れの大部分に行き渡り、とてつもなく大きなだんごが作られるようになったのかもしれない。そして、銚子渓の群れで発明された行動として定着したのだろう。この点は今後の検討課題であるが、ともかく、サルではいろんな条件下でだんごの作り方に差があることがわかった。

ここで、サルだんごに見られるような個体間関係は、人間ではどうなのかを考えてみたい。複雑な人間社会では、個体間関係に意外なほどはっきりした特徴がある。アメリカの文化人類学者エドワード・ホールは社会心理学の立場から、人間には密接距離、個体距離、社会距離、公衆距離の4種類があるとした(ホール、1970)。密接距離は愛撫、格闘、慰め、保護の距離で、恋人や夫婦の無意識のうちの身体的接触を含む距離である。個体距離は、生物が自分を確立し、他者との間を保つ泡だという。人間はそれぞれ自分を包む泡の中にいるが、相手の呼吸を感じることができ、人に話しかけたり、手で相手に触ることで相手の泡の中に入り込むことがある。密接距離に入ったのである。社会距離は、社会的、文化的要素によって一定の間隔が置かれるような距離のことだ。職場における人間関係が最たるものだろう。公衆距離は、公的な関係に示される距離といってよい。例えば講演会場での講演者と聴衆のような関係とされる。

人間社会に見られる、関係性に応じた距離の取り方は、サル社会でも原理的には同じだと考えて、私は、サル社会における密接距離、個体距離、社会距離の3つを示唆したことがある(Wada and Ogawa, 2009)。密接距離は人間とまったく同じ要素からできている。サル1頭ずつがそれぞれの泡の中にいるとして、容易に相手の泡の中に入り込める、母親とアカンボ、母親とその姉妹、その血縁などが取る距離で、1m以内である。個体距離は、1頭が自然の状態でいる時個体が保持している泡、1mが侵されず、容易に密接距離に入りうる仲間達が、遊び、毛づくろい、追随など各種の社会的交渉を示すことができる範囲、3－5m以内を指す。社会距離は、端的に言うと、群れの中心部にいる高順位のオスに対する周辺部にいるワカオスや低順位のオトナオスとの関係に当たるので、3－5mからやや遠い距離である。次節で説明する順位制が介在して作り出される空間配置ということができる。

4　ニホンザルの社会

・ボスザルはいない

ここで、スノーモンキーを含む、ニホンザルの社会構造を振り返っておこう。

哺乳類では例えば、キツネのような家族単位がある。その他に、複数のオス・メスを含む集団、交尾期だけオス・メスが集まり、あとは孤立するカモシカや、交尾期だけハーレムを作り、あとの回遊では血縁と無関係な採食集団になる鰭脚類など、多様な社会形態をみることができる。

サルの場合、ニホンザルを含むマカカ属から、チンパンジーやゴリラなどの類人猿を含む霊長類にまで視野を広げると、哺乳類と同様その社会構造は、一夫一婦、ハーレム、複数のオス・メスからなる集団、小規模のハーレムの集合体としてのバンドなど、実に多様である。

ニホンザルを含むマカカ属のサル、例えばアカゲザル、カニクイザル、チベットモンキーなどは、全部同じように、複数のオス、メス、コドモ、アカンボからなる群れを作る。また、ニホンザルは一般的にオスは自分の生まれた群れから離れて隣接群に移籍するが（まれにメスも移籍することがある）、その途中でオスグループを作ることがある。オスの群れ間移動を通して示された生態・社会的関係から複数の群れを含む集合を地域個体群と称する。

群れを構成する個体間には、優劣関係が存在する。その優劣に決まった順序があり、それを順位関係と呼んでいる。そのような優劣関係はオス間だけでなく、オス・メス間、メス・メス間、ワカモノ間にもあり、それぞれ異なる特徴が示される。それらは3つに分けられる。①オス間の安定した順位、②メス（あるいはオス・メス）間の不安定な順位、③コドモ（1－3才）間の不確定な順位である（水原、1986）。各順位関係には、それぞれの特徴がある。

一つの群れ内に、何か好物の餌があった場合を考えてみよう。①では、強い方がためらいなく取る。このことから、順位が安定しているのは明らかだ。双方が互いに優劣関係を認め、劣位の側からの認知の表出が優位者の攻撃の高まりを抑える働きをするので、優位者が劣位者を攻撃するに至らず、劣位者が去り、もめごとはおさまるのだ。典型的な順位関係である。

②の「メス・メス間、あるいはメス・オス間」では、当事者間で優劣関係がしっかり認知されているにも関わらず、劣位者の方から表示がないのでよくもめごとが起こる。例えば、明らかに優位のオス（A）が近くにいて餌を取ろうとしているところで、劣位のメス（B）が大げさな悲鳴を上げて、やや離れたところにいる高順位のオス（C）に顔を向け、またAに威嚇の表情をした顔を突き出す。AはCの方を気にしながら、餌を取り、去る。Cがいないときには、Aが近くで餌を取ってもBは

じっとしている。メス間の順位はオス間のそれに比べて不安定なのだ。

③のコドモ達の間では、オトナ達の間で見られる優劣の認知などなく、餌を見るとわれがちに餌を取り合う。順位不確定な間柄である。

オス達、メス達、コドモ達が示すそれぞれの順位関係は、お互いのもめ事をそれなりに中和し、群れの中でそれぞれが暮らしていけるようにする役割を果たしていると見ることができる。

ところで、地獄谷野猿公苑などにいると、「ボスはどれですか」と質問されることがある。最高順位のオスで、よく目立つ個体のことを、ニホンザル研究の初め頃にボスとかリーダーと呼んだことがあった。「順位一位のサル」といえば、単純に力関係を示すのだが、「ボス」というと、子分を連れて、その集団をまとめ上げ、なんらか目的を持って群れを率いるなどの社会的役割をも含むことになる。リーダー・フォロワー関係とも言われたが、実際の行動観察の中で、リーダー的な振舞いをして、たとえば群れの移動に際して方向を決めて動き出すなどの役割をしたサルはいなかった。それ故、ボスやリーダー・フォロワー制といった概念は先走りした幻であるとされ、最近は使われなくなった。

伊谷(1953)は高崎山の餌付け群を観察し、ニホンザルの社会的役割を示すステータス(社会的地位)による社会構造を提唱した。ステータスは次の九つに分けられた。まず、①アカンボ、②1才のコドモ、ここからオス・メスに分かれて、③少年(2－3才)、④若者組(伊谷は年齢を示していないが、おそらく4－5才)、⑤ボス見習、⑥ボス、⑦少女(2－3才)、⑧ムスメ(4－5才)、⑨

発達段階	年齢（才）	内容
アカンボ	0～1	母親に全面的に依存
コドモ	1～3	母親に依存しつつも、同年齢集団で遊ぶ
ワカメス	4～5	性的に活性化。4才から出産可能
オトナメス	6～20	群れの中心部で暮らす
	21～	閉経し、次第に群れから離脱
ワカオス	4～5	性的に活性化。精子形成開始。社会的に未熟。交尾に参加できない。多くの個体が理群。
オトナオス Ⅰ	6～8	形態的、社会的に成長中。交尾に参加できない。
オトナオス Ⅱ	9～	社会的に成熟。

表1　ニホンザルの発達段階

それ以上のオトナメスである。

ボスの存在はすでに否定されたので、ボスやボス見習いといったステータスはないことになるのだが、この区分を見て感じるのは、伊谷の提唱したステータスとはサルの発達段階（表1）に合致するということだ。社会的な地位を意味するステータスなどと言わなくてもいいのではないだろうか。例えば、ムスメは妊娠が可能になり、初産経験のある4－5才のメスで、当然のごとくその発達段階にふさわしい社会行動を伴う。若者組はおおよそ4－5才のオスで、やっと精子形成が可能になっているが、交尾に参加できない若オスである。ここから引き出せる考えは、先に紹介した社会距離では、個々の関係性により社会行動（距離の取り方）が決まったが、各発達段階でも、それぞれ特有の社会行動が示されるということである。人間の精神発達の研究では、発達を新しい特徴が加わる。質的変化の過程ととらえており、発達はそれぞれの段階を支える生理的・社会的条件を有する。新しい発達段階における行動は、古い段階の行動を修正、再調整し、新たに獲得したものも含めて統合して形成される。このように考えると、表1

のニホンザルの発達段階に示されるように、サルの形態的、生理的、社会的諸機能がそれぞれの段階で総合的に質的に新しく再編されることになるのだ。サルでも人でも、成長と発達を経て一生を終わる。その間、成長のような量的な変化を積み重ねて、新しい特徴を獲得する段階を経る。人間も、地位とは関係なく、年齢に応じた身体や精神の発達により、個々の振る舞いや社会での立ち位置が変化するもので、それと同じだろう。

ステータス概念に振り回されることなく、サルの発達段階を見直してみると、**表1**のように八つに区分し直せる。いづれの段階も、形態的、生理的、社会的に異なる特徴を有するとみてよい。

・二重同心円構造

伊谷(1953)は「ステータス」のほかにも、サルの社会の「二重同心円構造」を提唱した(**図3**)。これは、群れを観察しているときに、性・年齢やそれに伴う行動の特徴を配慮して、その空間的配列を円の中心部とその周辺部に分けられると見た彼の卓見であった。二重同心円構造の内側の円内には、高順位のオトナオス、オトナメス、アカンボ、少年、少女がおり、外側の円にあたる周辺部にはボス見習、若者、少年がいる。これで、群れができているという。

では、実際にはどのようになっているのか。

サルが互いに毛づくろいをし合ったりしているのを見ることがあり、仲良しだなとの感想を持つことがある。他方で、しょっちゅう「ギャ・ギャ」、「ガ・ガ」とケンカが絶えない。いくら仲良しとはいえ、四六時中近くにおればいざこざも起こるというものだ。そのためか、餌場でサルを見ていると、彼らはある広がりの中に適度な距離を保って位置していることが分かる。

その広がりの中で最も目立つのは、母親とアカンボのかたまりだ。アカンボは母親のお腹にべったりとくっついて乳首に吸いついていることが多い。次いで、母親の姉、妹が体を沿わせてそばに座っているか、母親に毛づくろいをしている。そうした母子の周りで、1－3才のコドモ達が走り回り、レスリングをしている。

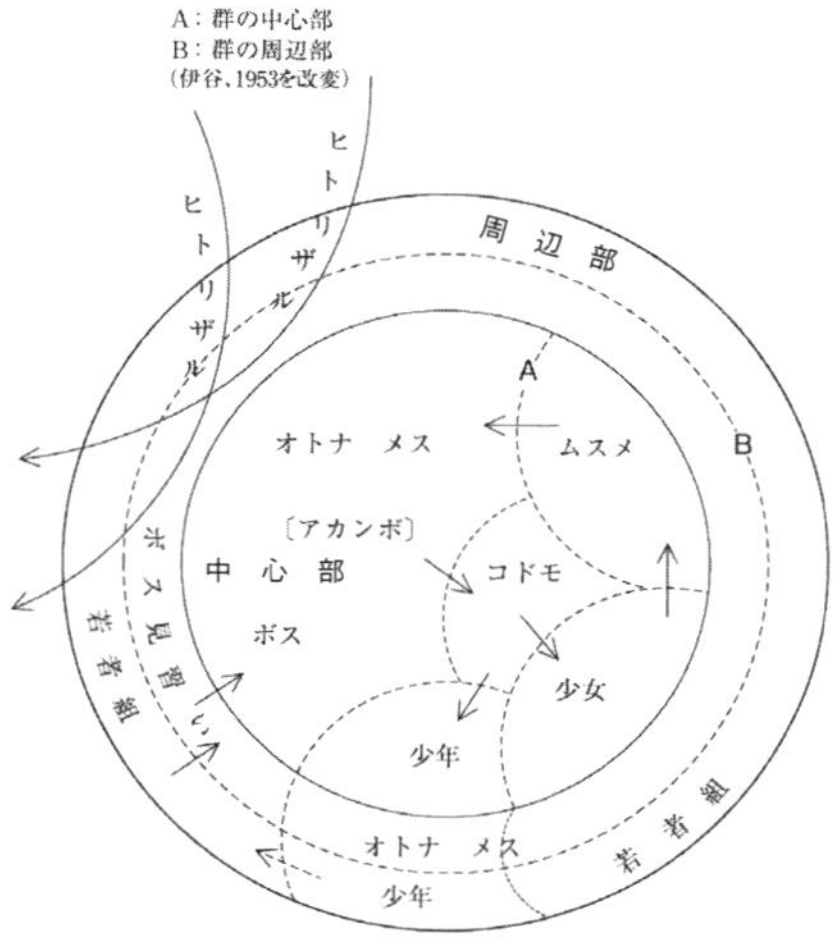

図３　ニホンザルの群れの二重同心円構造（伊谷, 1953 を改変）

ところが、その中にオス達の姿が目につかない。だが、飛びぬけて大きなオスが一匹目につく。あとの連中はどうしたのだろう。ニホンザルは伊谷さんが提唱した二重同心円構造の中で、仲良く暮らしているというのだ。二重同心円構造の内側の円内には、高順位のオトナオス、オトナメス、アカンボ、少年、少女がおり、外側の円にはボス見習、若者、少年がいる。これで、群れができているという。

志賀高原では、アカンボは主に4－5月に生まれる。冬にスノーモンキーを見に行った人は、生後半年過ぎのアカンボを見ることになる。そんなアカンボでもまだ、ぴったり母親にしがみついていることが多い。その頃、自分で餌を拾い始める時期にあたる。時折母親から2－3m離れた遠征をすることはあるが、あわてて母港に戻ってくる。生後5－6ヵ月で離乳期をむかえるが、母親のところに戻り、しがみつく母親依存は満1年経ってもあまり変わらない状態が続く。

もし母親が続けて翌年もアカンボを生むと、新しいアカンボが母親を独占してしまうため、前年に生まれた子は否応なく母親から離れざるをえなくなる。しかし、この様なことは志賀高原のニホンザルではあまり起こらず、アカンボは1才半になるくらいまで母のオッパイにぶら下がって独占できる。だが、1年くらいまで母乳は吸えば出るが、アカンボは半年を過ぎると少しずつ自分で餌を探して食べ始め、母親から独立の準備をしだす。満2才にもなると、母親から独立して餌を食べ、仲間達と遊びだす。といっても、夜の泊まり場では、母親にぴったりくっついて眠ることには変わりないが。

餌場ではさらに、これら母仔であるオトナメスとコドモの周辺では、たいていは母ザルと血縁関係にあるメス同士(母や娘、姉妹達)が体をくっつけ合って並んでいるか、毛づくろいをしている。

ここまでくると、では、オスはどうしているのかと気になるのではないだろうか。群れの中心部にいて母親から守られて育つアカンボやコドモは、3才にもなるとオスとメスとで行方が異なってくる。3才のメスは排卵し、妊娠可能になり、早ければ4才で出産し、アカンボを抱えた集団の中に留まることになる。

オスの方はと言うと、4才になると精子が形成され、繁殖可能になる。だが、オスはすぐ交尾を始められるわけでなく、3－4年待たされる。このとき、大部分の4－5才オスが、自分が生まれた群れから離れ、隣接群に移る。離群するのは、非交尾期に多い。どのオスがいつ頃出てゆくのかは、今のところはっきりしていないし、なぜ離群するのかもまだよく分かっていない。

多くの場所では、群れの近くにオスだけの集団があり、自群を出たオスが一時集まって留まっていると考えられているが、例えば志賀高原の横湯川流域にはオス群はいないので、オスは直接他群に移籍すると考えられている。たとえばA群から離群したほとんどのワカオスとオトナオスは、同じ横湯川の上流域にいるB_1群、B_2群、C群に入る。10才以上のオトナオスでは、わずかだが横湯川から別の流域にいる群れに入っていることが分かっている。

ただし、自分の生まれた群れを出ないオスもいる。それは高順位のメスの息子達で、オトナオスになって自身も高順位になり、中心部に居座り続ける。他群に移るということは、全く知らない社会関係の中に入り込むことを意味するわけで、大きな冒険である。できるならば生まれた群れを出たくないというのが、本音ではなかろうか。

他群に接近して入り込むのは、一般的にはほとんどの場合交尾期で、周辺部のオスの順位として最下位に入り込むのが、普通である。群れの周辺部にいるメスに接近して交尾する機会を狙うわけである。ワカオスではなかなか交尾には至らないが、10才以上のオトナオスだと結構交尾の機会には恵まれるだろう。接近する群れに同じ群れにいたことのある顔見知りのオスがいたりすると、そのオスに追随して入り込むことは比較的容易だ。

なお、オトナオスの離群の直接原因として考えられるのは、順位の格差が小さくなったことによって順位が逆転したといった社会関係の不安定化である。また、A群では順位1位のオスが1963－73年の間に4頭離群したが、いずれの場合も仲の良いメスと交尾ができなくなっており、それが離群の原因になったと考えられる(Enomoto, 1978、常田・和田、1975)。ワカオスでもオトナオスでも、これまでの社会関係の維持が難しくなることが離群に至らしめるのだろう。その結果、血縁の近い関係での交尾を防ぐことに成功しているのである。

群れの様子に話を戻そう。こうして見てくると、母親とアカンボ、1才、2才、3才のコドモ達、母ザルの姉妹であるメス達がサルの社会構造のど真ん中にいることがわかる。二重同心円構造に合致しているようだが、しかし、この構造は伊谷が概念的に主張したものであるし、ここまで紹介した地獄谷の例も餌場での観察による。本来の生息環境下でも同じと言えるのか、確証はなかった。自然環境下での状態は当時はまだ実証されていなかったのである。

というのも、野生のサルを林の中で見ているときは、見えている範囲は森林によって差があるが、群れが全部見えることはまずないからだ。サル達自身もお互いの姿を確認しにくいのだろう、仲間に自分の居場所を知らせるためなのか、しょっちゅう「フウ、フウ」、「フイー」といった声を出し合っている。木の葉が茂っているときに、若いサルが1匹で「ギャー・ギャー」と鳴きながらウロウロしていることがあるが、これは夢中で餌を探して食べているうちに群れに置いてけぼりを食って慌てている様子なのだ。彼らは森の中で、それほど広範囲に散らばって動いてはいないと思われるのだ。

しかし、一般的にスノーモンキーの住む場所は、冬になると木の葉が全部落ちて、雪で一面真っ白だ。ことに横湯川流域は両岸とも急傾斜であるし、群れ全体を見通せるのは先にも述べたとおりで、こんな条件を備えた調査地はそんなに多くないだろう。見通しが良くてありがたいのは観察者だけではなく、互いの姿を確認しながら移動できるので、サル達にとっても安心な環境条件とも言えるだろう。

とにかく、本当に二重同心円構造はあるのか、それを確かめるための調査を1980年2月に行った。前年の79年には餌付け群（A群）が分裂して、母群の餌付け群（A_1群）から離れた60頭がA_2群を構成し、上流側に遊動域を置いていた。野生に復帰したA_2群を追って、観察しようというのだ。

地獄谷野猿公苑の常田英士さんに応援を頼み、動いているA_2群の中に入ってもらい、私と、京都大学霊長類研究所（霊長研）の松沢哲郎さんが対岸にいて群れ全体を見渡しつつ、トランシーバーで知らせてもらったサルの名前を図面に落とし込んでいく。群れ全体を把握しつつ、1頭ずつ名前を確かめているのだから、理想的な条件下にいると言えるだろう。結論的には、二重同心円構造を証明したことになった。群れの真ん中あたりにオトナメスと1－3才、わずかのオトナオス、その周辺部に4才以上のオスがいたのだ（Wada and Matsuzawa, 1986）。

群れは移動、採食時には平均して長さ121mほどに広がっていた。降雪後の移動時には先頭にオトナオスが数匹いて、雪をラッセルして道を付け、残りのサルが1列になってその道をたどる。

1月や2月の猛吹雪のときには杉の木の上で隠れるように抱き合い、採食もせずに1日中全く移動しなかった。彼らは、非能率的な採食をして体力を消耗するよりも、動かずに消耗を最低限に保つ方が効率的だと判断したわけだ。春先になり、雪がザラメになって締ってくると、群れは自由にばらけて歩く。これから予想すると、冬以外の季節には葉が茂った落葉広葉樹林の中をかたまりあって、お互いの位置を確認しながら歩いていると考えられる。

・それぞれの社会の型

ニホンザルの二重同心円構造は順位制があって成り立つものだが、一口に順位制と言っても、銚子渓に見られる寛容型社会や、それに比べて個体間関係が固定された専制型社会があることはすでに述べたとおりだ。

志賀高原のニホンザルが専制型社会を維持していることは、温泉浴の様子からも推察できる。張(2012)によると、1980年から2003年にかけての調査では、餌付け群すべてのメスの31%に当たる114頭が露天風呂に入る習慣を持っていた。1－9位までの高順位のメスで露天風呂に入る個体のアカンボは同様に露天風呂によく入るという。高順位のオス・メスが入ってしまうと、低順位のオス・メスは入れなくなる。31%のメスがよく温泉に入るという観察結果は、残りの約70%は温泉から閉め出されがちだということを意味しており、厳しい順位制が影響しているとも考えられるのだ(Zhang et al, 2007)。

では、なぜこのような厳しい順位制ができたのかを推論すると、何といっても採食に関係していると思われる。露天風呂に入ることと無関係のように思われるかもしれないが、風呂には餌が投げ込まれているのだから、入浴は餌の確保をも意味している。その他の例として、比較的餌が豊富な秋に目を向けてみても、好みのブナの実を食べようとブナの木にサルが集まっても、みんなが実にありつけるわけではない。木に登れるサルの頭数はおのずから制限されて、一本のブナに4－5頭になるだろう。そして、そのような場合には血縁の濃い関係の、比較的高順位の個体が残ることになるだろう。このように、限られた餌を競い合う過程で、順位制がはっきりと、厳しくなっていったのだろう。餌が著しく制限される冬は、さらに厳しい条件下にあると言ってよい。スノーモンキーも、温泉で極楽気分とばかりはいかないのだ。

第二章　スノーモンキーの暮らし

1　野生スノーモンキーの食事

志賀高原に暮らすスノーモンキー達は、いったい何を食べているのだろうか。彼らの食事内容と、採食にともなう移動を調べるため、私達は一九八〇年代に、地獄谷周辺のA群（餌付け群、遊動域は地獄谷から上・下流域に計約4㎞）、B群（上流にいる群れ）、C群（最上流の群れ）を追跡した。実際にスノーモンキーが何を食べているかを紹介する前に、彼らの暮らす地域の植生を見てみよう。

・志賀高原の自然環境

志賀高原は、岩菅山（1994m）や焼額山（2009m）に見られるような比較的山容がなだらかな地形が特徴で、標高1500mを境にして上部はスギ、オオシラビソなどの針葉樹とダケカバの混交林、その下部はブナ帯で、ブナ、ミズナラなどからなるブナ林、シラカバ林などの落葉広葉樹林である。

スノーモンキーの生息地は、下部のブナ帯で、針葉樹林帯には生息しない。さらに、標高1200－1500m付近に位置する蓮池、発哺、高天原、一の瀬、奥志賀、熊の湯などの各スキー場でのスキーコースやスキーリフトによって森林は各所で分断されており、サル、カモシカ、ツキノワグマなどの野生動物の生息環境としては最悪の状況にある。特にサルのように群れで生活する種類ではそれらの開発地域を除いた狭い地域に生息地を限定されている。

志賀高原の中でもその北側を占める中津川流域の秋山郷から上流の魚野川流域は国有林に含まれ、佐武流山森林生態系保護地域内にあり、ブナの大径木を含む見事なブナ林を見ることができる。秋山郷から上流域では両岸が急崖で切り立っているため森林施業がほとんど不可能な地形で、1950－80年代の大面積皆伐を免れ、ブナの原始林が残されたためである。地形が急峻なため、スキーなどの観光開発もなされなかったので、ブナの原始林が残されて、複数のサルの群れを見ることができる。

スキー観光開発が及んでいない横湯川中流域も、サルの天国になっている。ここでは1960年ころまで地元の人達が、地主の和合会や共益会の了解のもとに小規模に炭を焼いていたので、主に川沿いのほとんどが二次林である。また、かなりの面積が土砂の崩壊地に当たり、土砂流出防備保安林に指定されているので、比較的安定した林相が維持されている。特に私が調査に入り始めた

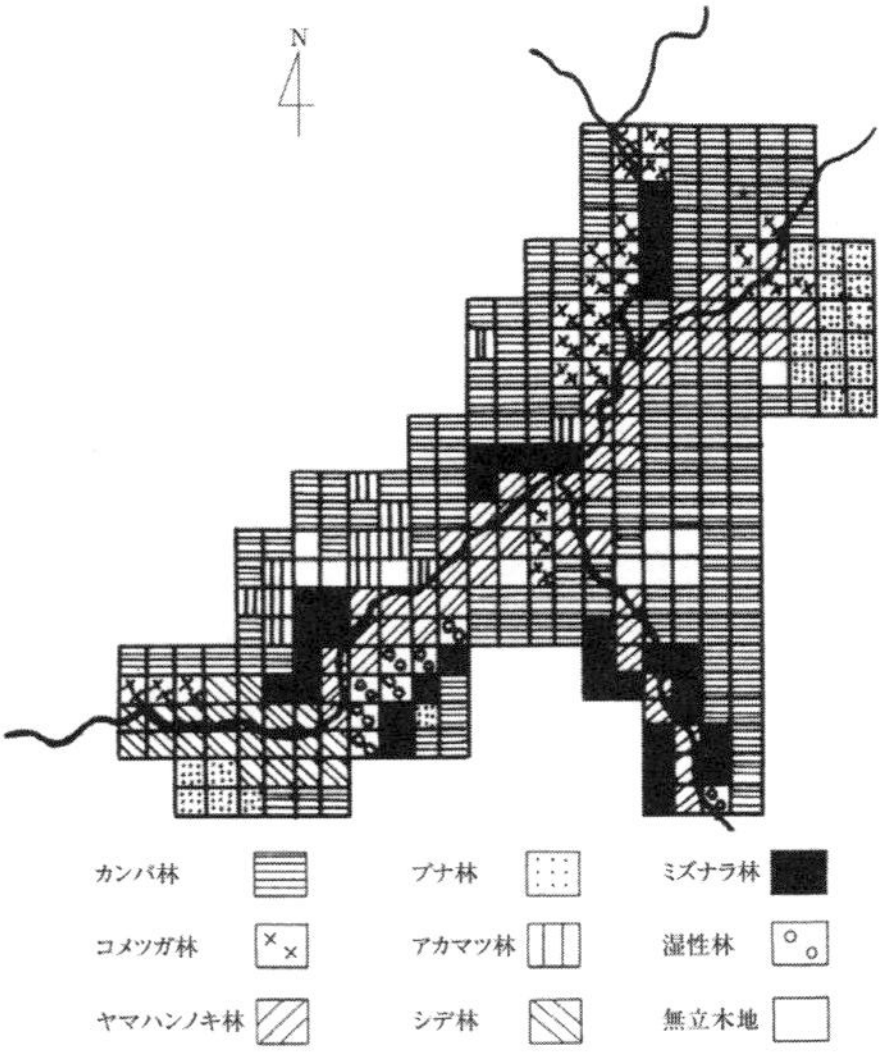

図４　横湯川流域の植生（１区画＝100ｍ×100ｍ）
（小宮山ら、1991を改変）

1960年以降は、炭焼きも終わり、全く森林伐採は行われていない。

　私達は、1978－80年にかけてこの流域で方形枠法で植生調査を行った。まず、地獄谷のやや下流域右岸の一の沢から上流の秋山林道周辺にかけて44のエリアを設定し、それぞれのエリア内に10×10ｍの方形の区切りを2－10個設定した。そしてその方形枠内の、胸の高さほどの位置で幹の太さが直径4cm以上ある木の種類をすべて測定していった。

　この調査で、いくつかの特徴がわかった。まず、横湯川沿いには上流部までミズナラ林とヤマハンノキ林が分布するが、川沿い以外では、標高1000ｍ付近から上流域の両岸でシラカバ林が、下流左岸域と金倉林道周辺にはブナ林が卓越する。なお、ここ以外にも、伐採しなかったブナの、幹の直径が40cm以上になる大径木が点在していた。下流にはミズナラ林、ヤマハンノキ林に加えて、ミズキ・サワグルミの多い湿性林が広がる。尾根筋にはアカマツ林が目立つ（図４）。

・春先の食べ物

このような環境で、サルは何を食べて暮らしているのだろう。地獄谷周辺は、3月中旬ころから雪が解けだし、4月も半ばになると、いろいろな木の芽や草も伸びはじめ、春が来た事を実感する。

この時期のサル達は餌に乏しい冬を乗り切り、痩せこけている。そのため、上流域で暮らすサル達も芽ぶきの早い下流部の地獄谷周辺まで下ってくる。彼らが口にするのは、樹木ではアオダモやウワミズザクラの若葉、オノエヤナギの花、コバノトネリコの葉柄、イタヤカエデの若葉、ブナの若葉と花。草本類ではヨシの若い芽、スゲの若い芽と花、シシウドとフキノトウの茎や、新芽、花、サルナシの芽が主食といえるほど頻繁に食べられていた。これらは蛋白質に富む食物といわれている。

サルにも好き嫌いがあるようだ。志賀高原に生育するヤナギの種類はバッコヤナギ、タチヤナギ、イヌコリヤナギなどあるが、オノエヤナギが集中して食べられていた。同様のことがイタヤカエデでも言えた。イロハカエデ、チドリノキ、ハウチワカエデなど多数のカエデ属があるなかでイタヤカエデを集中して食べている。明らかに選択しているのだ。ほかの種類に比べてオノエヤナギの花には蜜が特に多いとか、イタヤカエデの葉は特に柔らかいとか、何らかの理由があるのだろうが、今のところ明らかでない。

また、ヨシやスゲは湿地に多いといったように、春の食物は数種類が一箇所にかたまる傾向にあり、同じ場所に食べられるものが複数あるのだが、それらを手当たり次第食べるのではなく、どれを食べるか選択している。4月下旬から5月上旬、竜王沢の合流点の落合右岸の平付近ではスゲ、ヨシの若芽と花、フキノトウ、オノエヤナギの花を中心に食べており、特にそのうち1975年4月28日と5月5日には一日中オノエヤナギの花を食べていた。また、5月7日と5月15日には地獄谷野猿公苑の左岸1km上流部ではブナとイタヤカエデの芽と花を食べていた。このほかにも、コバノトネリコ、ウワミズザクラの若葉をよく食べていた。なお、この周辺にはブナの大径木が何本もかたまって生えているが、春先になると徹底して芽と花を食べられてしまうので、枝が十分に伸び切れていないように見られるほどだ。このように特定の場所で、特定の食物に執着して採食することが大きな特徴なのだ。

・初夏—夏

5月上—中旬になると次第に中流部ではタケノコの季節になり、群れもそれにつれて次第に上流部に移ってゆく。ブナ林やカンバ林の地面は一面にササに覆われていて、そこにたくさんササのタケノコが生えてくるのだ。これが、この時期、彼らの主食になる。たとえばC群は柔らかいタケノコを追って、中流部の落合周辺から本流を次第に遡上し、上流部のカッパ沢やハンノキ平にまで至る。6月下旬ころだ。

沢沿いの湿気の多いところではシシウド、フキノトウ、ヤマニンジンなどが8月下旬まで食べられるが、7月中旬から8月下旬までの主食はササの新芽だ。

実はこの時期は、冬に次いで食べ物の種類が少ない。草本類、木本類とも葉や茎が硬くなり、サルはそのような葉にはあまり手を出さないためである。ササは中流の落合付近から上流に行くにつれて次第に太くなる。ほとんどタケノコだけといった単純な餌で、一日中ササやぶを歩くので、春先のように特定の場所に餌がかたまることはない。比較的単純な遊動パターンを示す理由はタケノコだけ、あるいはササの新芽だけ食べている時、それらの一様な分布によるからだ。

すでに述べたように、春先に出始める木々の若葉はサルの好物なので、季節が進むとサルは若葉を求めて次第に高標高の地域に移動して行くが、志賀高原とか白神山地ではそれも限度があり、晩夏になると若葉がなくなり、仕方なしに硬い葉っぱを食べることになる。

ところが3000m級のアルプスでは状況が違う。私は1978年の8月上旬に黒部川を遡り、北アルプス、剣岳の北東側の斜面から2800mほどの、花畑が発達する高山《こうざん》(アルプ)の灌木帯に行ったことがあった。沢には大きな雪渓があり、その周囲には芽を出したばかりの草花や灌木の若葉があり、それを食べているサルの群れを見つけた。十分な観察時間はなかったが、当時はまだ観察されていない貴重な発見であった。1986-88年にかけて中央アルプスの木曽谷側でサル調査を行ったが、夏期にはかなりの高標高まで移動していた。泉山(2002)は北・南・中央アルプスの2500-3000mで夏期にサルの群れを確認しており、夏にサルが高山帯に現れて、採食するのは彼らにとってはごく普通の生活に根差した活動の一環である。春先の若葉はサルを惹きつける食べ物で、それ故に、夏の高山帯にまでサルが顔を出すというわけで、夏の遊動域は実に広域を利用することが明らかである。

・**秋**

実りの秋。サル達は思いっきり食べ歩き、丸々と太っている。実りは下流から始まるので、夏の間徐々に上流側に移動していた群れが、再び下流側に戻ってくる。ヤマブドウとサルナシの実は横湯川沿いの開けた林縁部に多く、広範囲に、また高密度にあるところでは群れの大部分が食べることができるので、自然に小休止になる。野猿公苑の付近から落合にかけて沢沿い400－500mにはこれらの実が豊富で、サル達の格好の餌場である。

9月下旬から10月上旬にかけては、クリも実る。これまた、野猿公苑から落合付近に多い。彼らはクリが大好きだ。

もうひとつ、秋の食べ物でも、夏と同様、高山帯ではサルが高山帯に惹きつけられている。大橋(1995)によると、群れは上高地の標高1500m付近に棲み、秋には河床でシウリザクラ、ウワミズザクラ、オオカメノキやイチイの果実やアザミ、ヤマキツネノボタン、イネ科やカヤツリグサ科の種子を利用し、標高2700mの高山帯のチョウセンゴヨウの種子やクロウスゴの果実などを食べている。夏だけでなく、秋にも同様に食べ物の分布によっては高山帯に至るのである。

クリだけでなく、冬に備えてサル達は秋には目の色を変えて沢山木の実を食べるのだが、樹種によって木の実の豊凶が激しいので、横湯川流域で木の実の生産量の変化をシード・トラップ法で推定した。縦横1mでロート状にした布を作成し、木の実を集めるトラップ（わなの一種）と称した。ブナ林、ミズナラ林、湿性林の地上から1mの高さに、トラップを13－23個計5ヵ所設置した（図4・41頁参照）。そこで、毎年9－12月にかけて毎月一度トラップに入っている木の実を回収、そんな作業を10年間継続した（小見山ら、1991）。

シード・トラップをしかける場所の選択が重要である。一つは単木として孤立している木で、後は森林内にある同じ木である。単木の場合、樹冠一杯に、そして木の側面にも木の実を付けるが、森林内にある同じ種類の木では、隣り合う側面には木の実は実らず、樹冠にのみ木の実が実る。従って、両者で1本あたりの木の実の生産量はかなり違うので、森林内の木の下に設置することにした。

どんな林に棲んでいるかといえば、ブナ帯とはいえ、下流側から上流に行くにつれて単純な林になることは予想される。沢沿いは中流までシデ林、ミズナラ林、ヤマハンノキ林だが、斜面上部にはカンバ林が優先し、上流部になると沢沿いもカンバ林になる。樹種を方形枠の平均としてみると下流から碑の尾根付近までは20種、落合付近までは22・6種、そこから秋山林道の上流部では18・1種であった。シード・トラップ法によって扱った木の実はミズナラ、ミズキ、サルナシ、カエデ理、サワグルミ、ヤマブドウであった。その生産量は木の実の年間平均乾燥総重量（haあたりのkg）として見ると、竜王沢上流の標高1450mのブナ林で最も少なく48kgなのに、地獄谷から落合までである4カ所では149－494kgに達した。

樹種	食べる頻度	食べている群れ			果実の種類
チャボガヤ	普通	A	B_2		堅果
ツノハシバミ	よく食べる	A	B_2	C	堅果
ブナ	よく食べる	A	B_2	C	堅果
クリ	よく食べる	A	B_2	C	堅果
コナラ	よく食べる	A	B_2	C	堅果
ミズナラ	よく食べる	A	B_2	C	堅果
クヌギ	よく食べる		B_2		堅果
ミズヒキ	普通		B_2	C	堅果
ダンコウバイ	よく食べる	A	B_2		果実
マンサク	よく食べる	A	B_2	C	堅果
ウワミズザクラ	よく食べる	A	B_2	C	果実
クズ	よく食べる		B_2		堅果
キハダ	よく食べる	A	B_2	C	果実
ヤマウルシ	よく食べる	A	B_2	C	堅果
ヌルデ	よく食べる		B_2		堅果
クロズル	稀に		B_2		堅果
ケンポナシ	よく食べる	A	B_2	C	果実
ヤマブドウ	よく食べる	A	B_2	C	果実
サルナシ	よく食べる	A	B_2	C	果実
マタタビ	よく食べる		B_2	C	果実
ミズキ	よく食べる	A	B_2	C	果実
ヒロハノツリバナ	よく食べる			C	果実
計		15	21	16	

表２　A、B_2、C 群の秋の食べ物（市来ら、1983 を改変）

このような環境下において、秋にはサルの主食は木の実で、市来ら(1983)によると、ブナ《ヘクタール》、クリ、ツノハシバミ、ミズナラ、ミズキ、ヤマブドウ、サルナシ(3群共通)を含み、B_2群21種、C群16種、A群15種であった。いづれの群れでも類似の樹種を食べている(表2)。

ところが2014年10月、志賀高原にサルが食べる木の実を採集に行ったが、木の実を付けた樹種を見つけることは出来なかった。サルの主食にあたるブナ、クリ、ツノハシバミ、ツルウメモドキ、ミズキ、サルナシ、ヤマブドウに実はついていなかった。横湯川流域も、蓮池から奥志賀に至る秋山林道も歩いたが、いずれの地域でも同じ光景であった。これではサルが秋のエネルギーを貯め込む時期に効率的に採食できないのである。1960年調査開始からこんな光景はなかった。

普通の年では樹種ごとに分布密度の違いや豊凶年のずれによって、サルの主食は確保されるのである。

たとえばミズナラが凶作であっても、ブナとミズキが豊作年であったりした。ブナとミズキは局所的に分布しているので、サルの遊動に影響をもたらした。ミズナラの豊作年には分布域が広いため群れは採食域選択が比較的自由であった。ミズナラは秋の主食になっていないが、ある程度食べられており、秋に地面に落ちたミズナラの実は一冬を過ごすと渋味が抜けて、春先まだ新芽に移行する端境期にサルの重要な餌になるのである。

サルナシとヤマブドウは生産量としてはミズナラ、ミズキ、ブナなどよりも一桁以上少ないが、サルの好みとしては第一位になるほどだが、ヤマブドウは5－6年に一度、サルナシは一年置きに豊作になるので、そんな時群れはその豊作の種類に集中する。

木の実以外のこの時期のもう一つの特徴的な食べ物は、ミヤマフキバッタ、トノサマバッタ、ハマキムシなどの昆虫で、多量に食べる。とくにミヤマフキバッタに集中する。落合付近の開けた河原には、9月上旬から中旬にかけてとくにバッタの大群がいるので、群れを河原に惹きつける要因になっている。これら秋の木の実やバッタには脂肪分が多いことが明らかである。

・冬

12月に入り、雪が降ってもまだしばらく食べ物はある。ヤマブドウ、ツルウメモドキ、ミズナラなどの実がかなり利用されている。

しかし、寒さが厳しくなるごとに、食べられるものは極端に乏しくなり、質も落ちていく。サル

コシアブラの小枝を折って樹皮と芽を食べたあと

が冬に何をどの位食べているのかには大変興味をそそられた。というのも、積雪2－3mにもなり、一見すると、サルの餌になりそうなものは見当たらないからだ。

餌付けの初期のころ、横湯川流域にいたA群(総数26頭)、B群(約85頭)、C群(12頭)のうち、主にA群とB群で、冬期に何を食べているのかを調べた。A群は地獄谷から横湯川上・下流域に計約4kmの範囲、B群はその上流域を遊動していた。調べてわかったのは、彼らが樹皮や冬芽、ササの葉を食べて飢えをしのいでいることだった。一番多く食べていたのは樹皮であった。

どの種類の樹皮が食べられているかを知るのは、さほどの苦労はない。樹皮が剥がされた部分は白くなり、遠くからでもよく見えるからだ。太さ1cm程度の枝ならば折り取って、樹皮だけでなく枝ごと、枝先の芽も一緒に食べてしまう。調査時の1960年代初頭、A群は餌付けされかけていたが、樹皮も結構食べていた。いわば樹皮が主食で、A群はケヤキとハルニレ、B群はチドリノキやケヤキ、オヒョウ、ハルニレ、コシアブラ、ブナの樹皮を主に食べている。

手当たり次第にどんな種類も食べているわけではない。例えば、上流域の聖平の森林の優占種はブナだが、コシアブラだけを選んで食べており、下流域ではケヤキやチドリノキが選ばれていた。また、オヒョウとかハルニレのように、樹皮の表層にコルク質が発達している種類では、樹皮を剝ぎとり、木質部に残っている薄い形成層を苦労して食べていた。

一方、どの位の量を食べているのかを推定することは、とても難しい。１頭のサルに１日中張り付いて何をどれだけ食べるかを記録することは、ほとんど不可能だったからだ。そこで、多少の見落としがあるかもしれないが、一計を案じた。樹皮食は12月下旬から翌年の４月上旬まで続くのだが、それが終わった４月中－下旬に、群れが利用した全域を歩いて、一冬に食べた樹皮の食べ跡を記録することにしたのだ。

まず、サルの食み跡の長さを１つずつ測り、食べた樹皮面積を割り出した。食べ痕の見落とし率を30％と見て、一冬に食べた樹皮量は、Ａ群で１１６kg、Ｂ群で２７１kgとした。１ｇあたりの消化可能部分の熱量は平均１６５０cal《カロリー》なので、Ｂ群の食べた総熱量は46×10^4 Cal《キロカロリー》になる。ニホンザルの一日の基礎代謝量は知られていなかったので、近縁種のアカゲザルの数値を借りて計算した。Ｂ群の個体を身体の大きさで分けると、大24頭、中30頭、小12頭。冬（１２０日）の基礎代謝量は25×10^5 Calになる。Ｂ群が食べた餌の熱量が基礎代謝量の20％程度にしかならないのだ。１グラムの消化可能熱量を４Calとして計算しても、冬の総熱量は11×10^5 Calで、基礎代謝量にも達しない（和田、1964）。

その後、１９８０年代前半に、青森県下北半島のニホンザルについて同様な研究が行われた。下北半島はニホンザルの生息北限地域で、ここのサルも地獄谷と同じく「スノーモンキー」だ。観察によって、彼らの一日の採食、休息、移動、毛づくろいなどの行動の割合を導き出し、さらに、樹皮や芽などの採食量をサルの発育に応じて推定している。座っているときに必要な熱量は基礎代謝量の1・52倍、歩いているときは3・80倍である。これらの数値をもとに、下北半島における冬の一日の熱量消費量と熱量摂取量を比べたところ、アカンボと1－2才では収支が黒字だったが、3－4才ではとんとん、オトナはオス、メスとも赤字だった。なお、オトナメスの方が赤字差が大きい(中山、1983; Nakayama, 1999)。地獄谷でも下北半島でも、冬は食物が足りていないことが明らかだ。

こんなことで冬を乗り切れるのだろうか。1962年12月と63年4月に1頭ずつオトナメスの死亡個体を入手、解体する機会を得たのだが、12月の個体は全身くまなく黄色の皮下脂肪がついており、特に腋下、そけい部、背中は厚さ5cmに達していた。ところが、4月の個体では、皮下脂肪は全身にほとんど見られず、皮下には脂肪組織の残存物とみられる粘液状物が一面に広がっていた。これから予想されるのは秋に皮下に脂肪を蓄えて、餌の少ない冬に備え、冬にそれを少しずつ消費して乗り切り、春の新芽の季節につなぐという戦略であった。

ただし、冬の赤字収支を秋に蓄えた皮下脂肪量が保障しきれないこともある。いずれにせよ、冬の樹皮食はサル達にとってかなり厳しい状況にあることは予想できる。

日本獣医生命科学大学の羽山伸一らによると脂肪分は皮下よりも腸間膜に多く貯蔵されていた。

ただこれらの脂肪分は体重の10％程度にもならず、一冬の栄養分の不足を補うには少なすぎるようだ。また、彼らは野生のサルに温度、湿度、光などの環境条件下で一定の餌を与えても、野外と同じような体重変化を起こすことを突き止めた。冬に餌を大量に与えても、実際に食べる量は著しく低下した。これは、基礎代謝量を低下させることで餌の不足に対応する、生理的適応現象だと見ることができる。

2　遊動

・冬は「節約」

食物となる木や草は1ヵ所にかたまっているわけではないし、その「旬」はそれぞれに異なる。そのため、季節ごとに得られる食物を追って、彼らは遊動域の中を移動していく。ニホンザルの暮らしは「植物季節」に則っているのだ。もちろん、冬の寒さといった気候も生活に著しく変化をもたらすのだが、それらについて、一年を通して観察した横湯川に棲むC群を例に見てみよう（Wada and Ichiki, 1980）。

季節ごとの食べ物についてはすでに詳しく紹介したが、あらためてC群の場合をまとめてみると、餌となったものは年間を通して植物や昆虫類など全部で84種類。春先は40種類と最多だが、夏は32種類と減少し、秋には28種類となり、冬は最も少なくて21種類だった。食べる植物の部位は一年間の総計137で、四季による数値は種類と同じような変化を示していた（表3）。どこを食べている

	冬	春	夏	秋	通年
食物種類数	21	40	32	28	84
主要食物数	7	11	5	9	26
木	7	6	2	7	
草		5	3	1	
昆虫				1	
食べた部位	33	58	44	30	137
植物					
樹皮	17		2		19
芽	14	7			19
花		11	3	1	13
開きかけの葉		12	7		14
葉	1	9	8	1	14
果実		1	6	20	26
種	1			1	2
タケノコ		1	1		1
匍匐性の茎		1	1	1	1
茎		16	15		21
樹脂				1	1
根			1		1
キノコ				2	2
昆虫				3	3

表3　志賀C群の四季の食物利用
（Wada and Ichiki, 1980）

かというと、春先は木本類の花、伸びかけの葉、草本の芽と花に集中し、夏は特定の部位に集中することがなく、秋はほとんど全部果実、それに昆虫、特にバッタの類、冬はほぼ樹皮と冬芽だけである（表4・61頁）。

　この傾向はC群に特異なものではなく、ニホンザル全体にほぼ共通している。ただし、地域差が全くないわけではない。C群を含む「スノーモンキー」は、その他の環境条件にあるサル達とは違った食性変化（餌の変化）を見せる。

　全国29ヵ所の調査地におけるニホンザルの食性（餌の種類や食べ方のこと）に関する資料を集めて調べたところ、ニホンザルが食べる植物の部位は主に「果実・種子」と「葉」、「樹皮・冬芽」の3つで、「果実・種子」と「葉」に関しては地域差がほとんどなかった。しかし、「樹皮・冬芽」に関しては、降雪地帯とそうでない地域とで34・5％対17・1％と大きく差が開いていた（Tsuji et al, 2015）。これは、積雪地帯の多くが落葉樹林帯であり、冬に採食可能な餌の種類が激減するために樹皮などを食べざるを得ないからだろう。興味深いのは、冬でも葉がある照葉樹林帯のニホンザルも、樹皮と芽を食べることがある点だ。おそらく照葉樹林でも冬期は餌の種類や量が一定程度減少するのだろう。

さて、ニホンザルは餌を求めて、その地域のある程度決まった範囲内を移動しながら暮らしている。こうした群れの移動を「遊動」というのだが、季節(植物の状態や気候)によって遊動域も多少変化する。C群の例に戻ると、春先と秋には、横湯川下流の地獄谷野猿公苑付近から上流に向けて若葉や木の実が順に食べられるようになっていくため、その時期には彼らC群は公苑付近から落合の下流域をよく利用し、上流域の河原小屋まで足を伸ばしている(図5)。春、秋の利用域面積はそれぞれ1・46㎢、1・21㎢。夏は河原小屋からさらに上流域に至り、最も広い1・69㎢を利用した(Wada and Ichiki, 1980)。

冬は上流域を1・23㎢利用した。上流域ほど気候条件が厳しいはずなのに、上流域を利用するとはなぜなのか。奇妙である。これは、冬季のスキー客による餌付けが影響を与えていると考えられる。

さて、冬の食物と移動のことを考える場合、餌の量とエネルギーの関係を思い出す必要がある。積雪の時期の移動の効率は悪い。餌が少なく、満足に餌を食べられないどころか、エネルギーがマイナス収支に陥る中で、彼らは移動距離を最小限に抑え、また、移動する場合も極力エネルギーを消費しないようにするのが普通なのだ。

たとえば1－2月、猛吹雪で気温も零下15℃あたりまで下がるようなときには、スギ林でサル

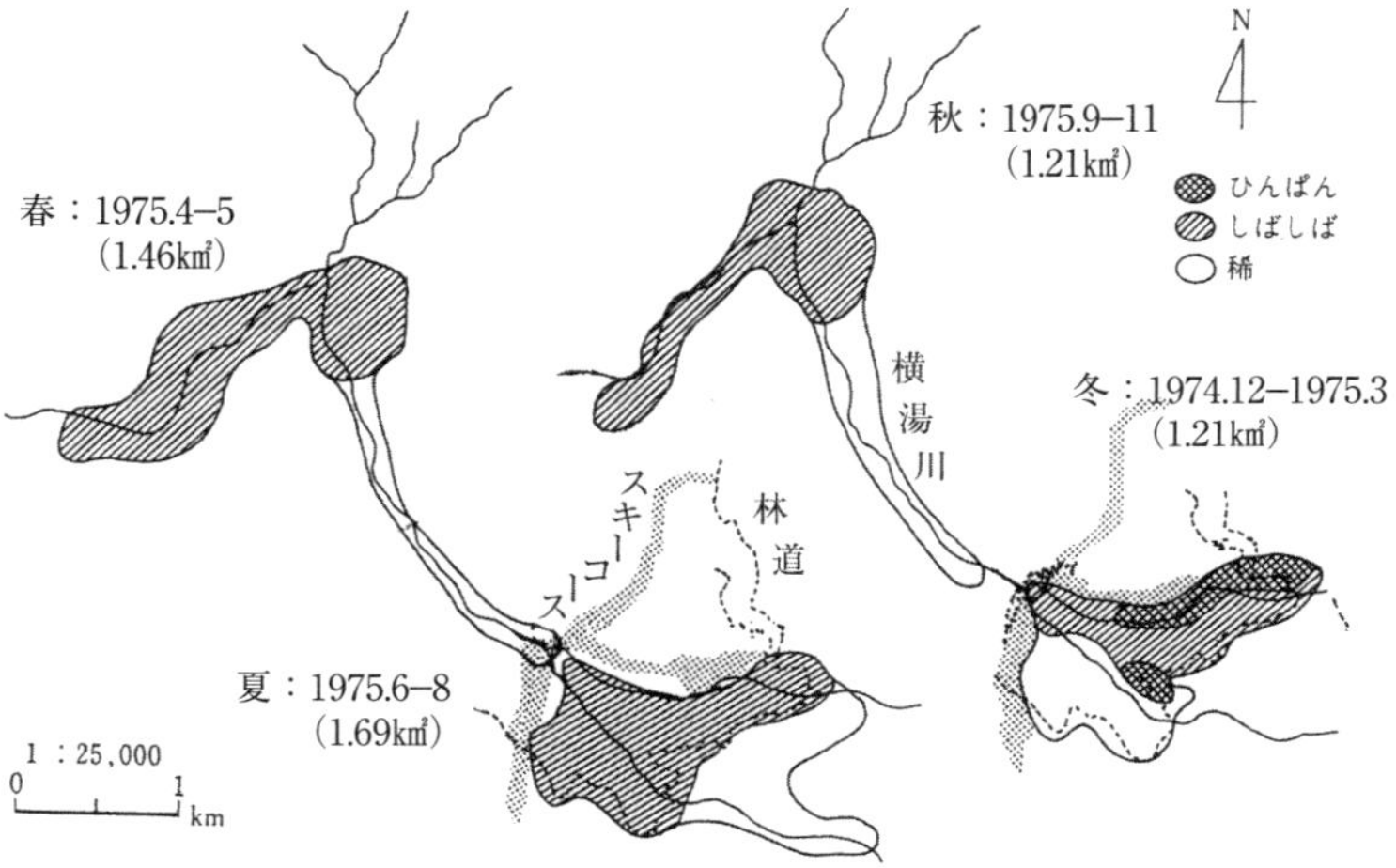

図５　Ｃ群の四季に伴う遊動域利用（Wada and Ichiki, 1980 を改変を改変）

だんごを作った群れが３日間全く採食せず、だんごも解かなかったことがあった。こんな厳しい気候条件下で移動すると採食効率が悪く、エネルギーを消費するだけだ。じっとだんごを作り、体力を消耗しないようにしている方が理屈に合っている。冬でも直腸温を上昇させず、無駄な動きを避け、体温を上昇させないことでエネルギー消費を抑える方策は、冬眠に似ているともいえる。

似ているとはいえ冬眠ではないので、もちろん冬の間、ただじっとしているわけにもいかない。時に一晩で１ｍにもなる降雪の中を移動をする場合、大きなオトナオスが先頭に立ち、全身雪まみれでラッセル(雪を掻き分けて道を作ること)して、その後ろを全部のサル達が一列になって歩く。そうすることで、群れのメンバーのエネルギーを多少温存しているのだろう。

さらに、「動かない」のではなく「動けない」こと

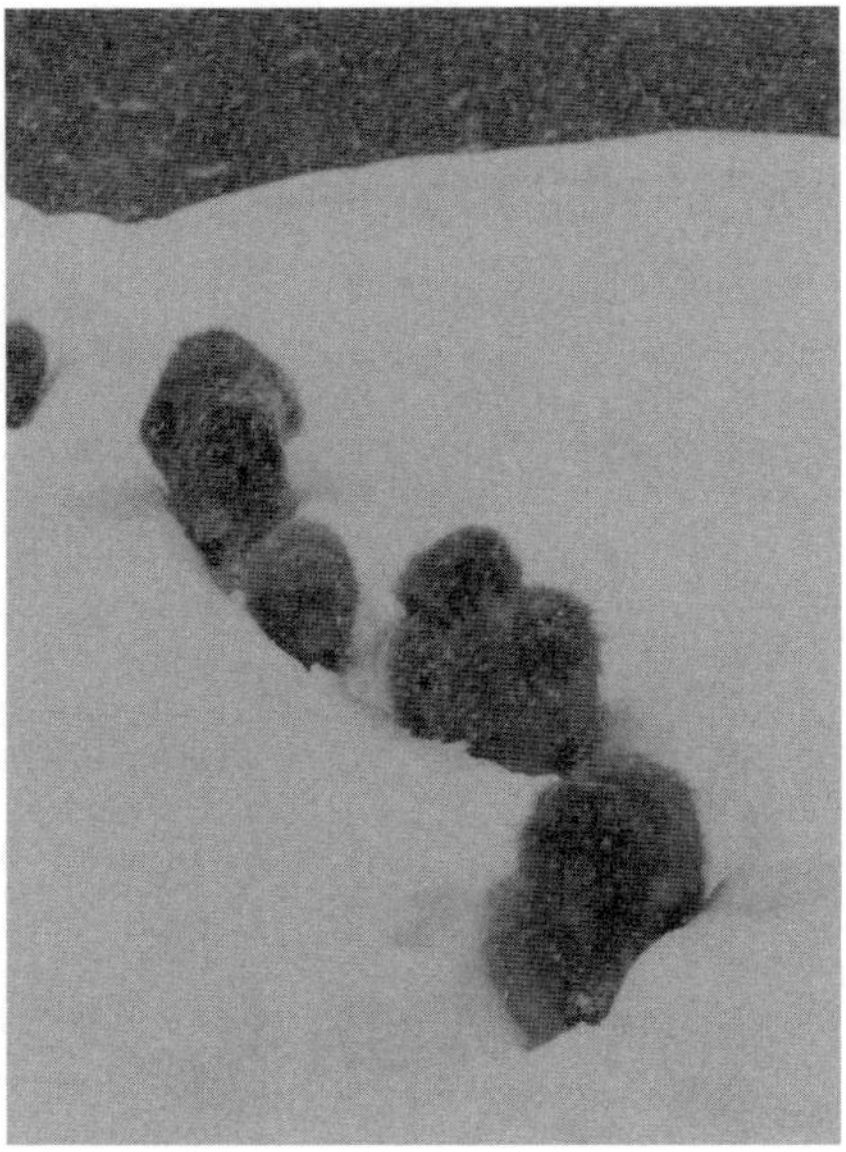

体力消耗を防ぐため、一頭がラッセルして作った道を群れで利用して移動していく。（写真：萩原敏夫）

もエネルギー節約につながる。物理的に移動が難しいことが、エネルギー消費の抑制を促しているとも言えるのだ。

このように、冬の間はいかにエネルギー消費を抑えるかが重要になる。冬期はほとんど食べる物がなく、それまでに貯め込んだエネルギーで乗り切らねばならないのだから、特に秋の木の実の豊凶はサルの体重に影響を与えることは容易に予想される。

実際、冬期の餌不足はどのようなかたちで現れるのだろうか。残念ながら自然群での体重変化についての観察はないので、地獄谷の餌付けされたA群を見ることにする。９才以上のオトナオスでは10月に18・４kgで最も重くなり、それ以降は減少し続け、２月の16kgで最も軽くなる。春になってから再び体重増加が始まり、秋に至る。６歳以上のオトナメスでは11月に14・３kgがもっとも重く、そこから減り始め、８月に13・７kgと最も軽くなる。それ以降は増加し始める。餌付け群でもこれだけの体重変化があるわけで、自然群ではそれ以上に明らかな季節に伴う体重変化があると見ることができるだろう。

志賀高原では、交尾期の最盛期が11月なので、オスの体重は交尾期の最盛期に入って減りだす。交尾による消耗が体重減少に現れていると考えられる。それに引き替えメスの場合、交尾の最盛期に体重のピークが合致するのは、交尾が体重減少に直接影響していないということかもしれない。1頭が1日に使える総エネルギーと蛋白質摂取量は10－11月の秋と4月の春に多いことが明らかになっているので(Tsuji et al, 2008)、秋に食べる木の実と春先に食べる伸びかけの葉や花が総熱量や蛋白質摂取量の増加に貢献していると推定できるだろう。すでに述べたように1頭の総熱量と蛋白質摂取量が高い値を示す秋には木の実をたらふく食べて栄養分をいろんな形で体内に貯め込む季節だといえるだろう。特にオトナオスとオトナメスでは冬に食べる樹皮食では不十分なことが分かっているので、皮下脂肪や腸間膜脂肪などとしての蓄積が大切になるのである。冬の代謝熱量は秋の場合の半分にも満たないことからも、秋のエネルギーの貯め込みがいかに重要かが分かるのだ。

3　遊動域利用と棲み分け

さて、食べ物を追って移動をすると、同じように移動してきた他の群れと鉢合わせをすることはないのだろうか？

ニホンザルの群れがナワバリを持っているのかどうかについては、まだ結論に至っていない。横湯川でもA・B・C群がナワバリを持つのかどうか、いわく言い難いのである。A群調査の初期の頃、B群が横湯川を下りてきて、両群が睨み合っていたかと思えば、時には両群が一緒に数日間遊動をともにし、あげくに数頭のオスがA群からB群に移籍したりした。とてもナワバリを持つなどとは言えない両群のやり取りだ。

1963年頃の冬のあいだ、C群は横湯川本流に竜王沢・乙見沢などが合流する落合周辺から上流の河原小屋付近を遊動域として使っていたが、70年には河原小屋付近から上流の秋山林道下流側に至る部分に移していた。冬だと遊動域は厳しい寒さを避けるために下流側に移すのが普通なのだが、C群の場合には下流側にB群がいるので使い難いし、餌が貧弱な冬ではなおさらにB群と遊動域を共有できない。C群が使っている落合から上流域は沢沿いにはミズナラが多いが、それ以外はあまり食べ物が豊かではないカンバ林が広がっている。

なぜ上流域に移ったのか、その理由を探るため、冬に何を食べていたか詳細を確認した。まず、63年当時のC群はノリウツギ、チドリノキ、チャボガヤなどの樹皮や冬芽を食べており、なかでも圧倒的にコシアブラに集中していた。74－75年に最もよく食べていたのはシナノキ、ノリウツギ、コシアブラ、ツリバナ、ヒロハノツリバナ、ツルウメモドキの樹皮と冬芽、それにササの葉だった。60年代と70年代の比較で気付いたことは、60年代の終わり頃にコシアブラが目立って枯れていたことだ。半数以上が樹皮を剥ぎとられていた。樹皮を剝がされたコシアブラが枯れてしまったために、C群は違う餌を求めて遊動域を上流部に移したのであろう。コシアブラは陽を好む木(陽樹)なので南斜面に多く、林道の法面《のりめん》に生えていることが多い。志賀高原では、河原小屋から上流域にある秋山林道法面やその南斜面に集中した。落合付近より下流にはB群がいるので、利用できずに、上流域の林相としては貧弱なシラカバ林だが、その中に手をつけていない、秋山林道法面のコシアブラが目当てだったと言えるだろう。そうだとすれば、数年経ってコシアブラが再生してくれば、また下流側に移動してくることになるだろう。元々下流側にいたわけだし、秋山林道周辺から先はすぐに、餌のない針葉樹林がはじまるのだから。このようにC群の遊動域は、B群の存在に影響を受けていることや餌の少ないカンバ林に囲まれて、スキー場開発のためにかなり狭い遊動域利用をさせられているのである(Wada, 1983)。

次にB群を見てみよう。B群は冬に碑の尾根付近から竜王沢の聖平にかけて遊動していた。冬の遊動域面積は60年代に2・9㎢、70年代に2・0㎢だったが、いずれの年代でもほぼ同じ地域を遊動域として利用していた。なお、B群は67年に分裂して、同じ流域に残ったのはB_2群だった。C群の方はと言えば、60年代は1・3㎢、70年代は1・2㎢と遊動域の広さにあまり差はなかった。いずれにせよ、B群の半分ほどの遊動域面積であった。

さて、B群は分裂する前と後とで主食が変わった。60年代のB群と、70年代に残ったB_2群で共通していたのはチドリノキだけだ。B群はケヤキ、コシアブラ、ブナ、ヤマウルシ、ツリバチ、B_2群はツルウメモドキ、ノリウツギ、シナノキ、チャボガヤなどの樹皮と冬芽、ササの葉を主食とした。C群は60年代と70年代ともに主食はコシアブラだったが、採食する場所を変えた。B・B_2群のほうは、異なる主食を利用することによって、同一地域を遊動しつづけたのである(表4・次頁)(和田、1964; Wada, 1983)。

	よく食べる	普通に食べる	林相
1963年(B群)			
聖平	コシアブラ	ヤマウルシ	ミズナラ林
落合	ブナ	チドリノキ、ツリバナ	ミズナラ林
碑の尾根	チドリノキ、ケヤキ		ミズナラ林
1972年(B_2群)			
聖平		アオダモ、ノリウツギ、タムシバ、コシアブラ ヤマウルシ、ブナ、マユミ、キクラゲ	ミズナラ林
落合	ツルウメモドキ、ノリウツギ シナノキ	ヤマフジ、ツルウメモドキ、イヌエンジュ オシダ、ササ	ミズナラ林
碑の尾根	チャボガヤ、シナノキ、アカマツ ツルウメモドキ	チドリノキ、アオダモ、マンサク、ヤマブドウ ノリウツギ、コハクウンボク、クロモジ、 ミズナラ、ヤマフジ、カエデ類、	ミズナラ林

表4　B、B_2群が冬に集中した食物（Wada, 1983 を改変）

B群の冬の遊動リズムはどのようなものなのか、また、どんな植生帯を利用しているかについて72年1－3月を中心に、70年代前半に集中して調査した。B群は沢沿いを主に使い、地獄谷近くの碑の尾根から上流の金倉林道近くの聖平までを遊動していた。そして、聖平、落合、碑の尾根の3ヵ所をよく利用していた。これら3ヵ所はいずれもミズナラ林で、その周囲はカンバ林に囲まれている。ミズナラ林の中にはカンバ林に比べて、サルの餌になる木の種類が多く、森林の多様度が高い（表4、図4・41頁）。1963年の聖平ではコシアブラをよく食べているのに注目していたが、1970年代には多くの樹種を食べていた。ここではコシアブラの中径木が目についた。落合でもよく食べている樹種が変化していた。碑の尾根では1963年にはチドリノキとケヤキが中心だったが、1970年代にはチャボガヤがよく利用されていたのが目についた。ここではチャボガヤが高密度に分布していた。これら3ヵ所では、その周辺を歩き回り、いろんな樹皮を食べていたが、それぞれの場所を移動するときはあまり採食もせずに移動した。私達はこの利用方式を変則の振り子型遊動リズムと定義した（Wada and Tokida, 1981）。

冬以外の遊動域はどのようになっているのだろうか。B_2群とC群の秋の調査結果を見てみたい。すでに説明したのだが、B_2群とC群は秋にそれぞれ遊動域を独自に構えているのだが、この２群は地獄谷周辺から中流の落合付近で、沢沿いを中心に頻繁に共用している。そのわけは、秋の主食である木の実の種類も量も十分に実らせる、ミズキ、サワグルミ、ヤマブドウ、サルナシを含む湿性林、ミズナラ林、ブナ林、ヤマハンノキ林が多いからだ。それに反して、沢から離れるに従ってシラカバ、ダケカバなどのカンバ林が多くなるので、木の実が少なく、従ってサルの利用が少なくなる。このように秋の中流域が２群を同時に養うことができるのは、木の実の生産量が上流域に比べて豊かなことで明らかである。

4　ライフサイクル

・恋の季節

スノーモンキーの一年を見てきたが、ここで彼らの一生に目を転じてみよう。

一般的にニホンザルの交尾期は９月から2月までだが、志賀高原での交尾期は９月下旬から12月下旬と期間が短い。霊長類全体で見ると、熱帯から亜熱帯で暮らす種類では年中交尾する場合が多い。実際、カニクイザルとブタオザルは年中交尾をするし、従って年中出産する。アフガニスタンから中国南部にかけて、北緯20－30度地域に分布するアカゲザルは特定の繁殖期を持つ傾向が強くなる。実験室で日照時間や室温を調節して、どの要素が交尾期に影響するかを調べたところ、あまり明確な結果は出なかったが、環境温度が最も影響を与えていると結論づけられた（野崎 1994）。カニクイザルやブタオザルが熱帯で得た年中交尾を、中緯度に進出したアカゲザルが冷涼な気候と限られた餌の中で次第に秋に交尾期を限定した。さらに厳しい日本列島では決められた交尾期に限定した（季節繁殖）と思われる。

ニホンザルでは、メスは排卵を伴う月経周期は繁殖期に当たる9－12月だけに発現する。オスでも射精を伴う交尾行動は繁殖期だけにしか見られない。このように秋に交尾期を限定した理由は、秋には果実など、餌の質・量ともに1年で最も豊かな食事をとれることによると思われる。

交尾期になると、オスもメスも発情して赤い顔になる。オスの睾丸はぶらりと下がり、真っ赤であるし、メスにしても陰部は真っ赤で、しかもやや膨らんでいる。これらは、「私は発情していま す」ということを相手に知らせる合図なのである。それを見てオス達はしっかり発情したメスの周りに多く集まってくる。

とはいえ、オス達がいきなりメスに近づいて、我先にと、無秩序に交尾することはない。発情したメスは、年かさで、体の大きなオスのほうへと近づいてゆく。そんな中オスは、これぞというメスの斜め前方1－2mのところに立ってメスを見つめ、背中をそっくり返し、踊るような足取りでメスに近づき、自分の唇をメスのそれに近づけ、口をモグモグさせ、さっと身をひるがえしてメスから1－2m離れ、自分の赤い尻をメスの方に向けて立ち止まる。発情したメス側も、年かさで、体の大きなオスの方へと近づいてゆく。別の群れから移籍してきたオスも好みのようだ。オスはメスを追いかけ回していたのが、いざという時にはこのような一種の緩和行動とも、示威行動ともなる動きをするのである。これを繰り返してあげくについに交尾に至るのである。

ニホンザルと同じマカカ属のサルの仲間は、だいたい似たような求愛行動を示すが、社会構造などの違いによって、全く異なる行動をとる種類もいる。1985年に愛知県犬山市にある日本モンキーセンターにも来たことがあるキンシコウは、中国に分布するコロブス亜科のサルで、体中の毛の色が橙色の、光の加減によって金色に輝いているように見えて美しい。彼らはオスもメスも、秋の繁殖期になっても顔や尻が赤くならないし、膨らみを持つこともない。10頭前後の小さなハーレム(一夫多妻の集団)が6－8つ集まり、バンドと呼ばれる集団を形成して暮らしているのだが、交尾行動はハーレム単位で行われる。小さなハーレムといってもハーレムオスに対してオトナメスが4－5頭いるので、1頭のオスにメス達が群がることになる。交尾期でもオスは自分からメスに接近することはないし、何らかメスに興味を示す行動をとることもない。もっぱらメスがオスに接近する。主に平地で、メスがハーレムオスに4－5mほどの距離まで接近し、顔をオスに向けて見つめたまま、やや尻をそり気味に上げて地面に這いつくばる。全く声をたてない。これにオスが接近すれば交尾は成立するが、オスが近づかないと、メスは2－3mまで近づき、再び這いつくばる。これでほとんどのオスは近づき、交尾をする。これらはハーレム内でのやり取りなので、他にオトナオスがいないから妨害されることはない。メスが自分の所属するハーレム以外のオスに接近することはほとんどない。

このように社会構造が違うとオス対メスの行動様式が全く違うのである。

ニホンザルの話に戻ろう。

交尾の相手はどのように選ぶのだろうか。非交尾期、群れの中心部には優位のオスとメスの集団がおり、その周りに劣位のオスがいて、劣位のオスはメスとの交渉は非常に限られている。ところが交尾期になると、自由に動き回る発情したメスを追い掛けて、優位オスが群れの中心部から外れることが多くなる。その隙に、周辺部のオス達がメス集団と接触する機会が多発する。そのため、メスは普段は周辺部にいるオスや、別の群れから移籍してきたオスとも割に自由に接触して交尾できるわけである。

それだけでなく、オスは自分の母親や姉妹、自分に依存している仲の良いメスを避けて交尾をするし、メスは自分の父親や兄弟、普段から特別に仲の良いオスとは交尾しない。さらに、オスは4－5才になると生まれた群れを出て別の群れに移動するので、オスもメスも、自分と血縁関係にある相手と交尾をする可能性は大変少ない。性的に成熟するころに生まれた群れを離れることも、近親交配の可能性を低くしている。だが、オスは離群するとはいうものの、高順位の家系のオスは生まれた群れに居残ることがあるので、近親交配の機会はあるわけで、その回避が行われているのである。このようなオスでも仲の良いメスが交尾を拒否するようになると同じ群れに居づらくなるだろう。第一章で述べたようにA群の順位1位のオスがいずれも他群に移籍していることから見ても、この移籍によってやはり近親交配は回避されているのである。人間だけでなく、サルでも実際にこうしたことがあるわけだ。

地獄谷のA群を観察したところ、仲の良い、親和的な関係にあるオス・メスは希にしか交尾しないことが明らかになった。同じことが高崎山や嵐山でも観察された(Enomoto, 1978; 榎本、1983)。オトナオスが離群するのは、仲の良いメスに交尾を拒否されて、次第に交尾する相手がいなくなるためとも考えられているのはすでに触れた。

ただし、近親相姦が行われる可能性は極めて低いと考えられるとはいえ、誰と誰が親子関係にあるかを見極めるのは実際には難しい。メスは一つの交尾期で複数のオスと交尾をする。群れの全個体の血液を調べれば分子生物学的には分かるが、行動観察からアカンボの父親がどれかはわからない。アカンボを生み、哺乳し、育てるのはメスなので母子関係は歴然としているし、「母親」の役割を演じているのだが、オスが育児を手伝うことは全くない。どのオスが父親か傍目にはわからないだけでなく、父親の役割も演じていないのだから、「ニホンザルに母親はいても、父親はいない」と言えるのである。

・子どもの誕生

地域によるニホンザルの出産期には3パターンある(ただし、調査対象はほとんど餌付けされた25群)。①出産期は4－6月で、そのピークは4月、②出産期は4－6月で、ピークは5月、③出産期は5－9月で、ピークは6月である。地獄谷のA群は②に入るが、①にも②にも本州のいろんな地域の群れが入っており、一定の傾向は見られない。だが、③には九州の3群（都井岬、高崎山、幸島）だけが含まれる（Kawai et al, 1967）。①②は出産期が3ヵ月続くが、③は5ヵ月である。それだけ交尾期が長いのである。気候が温暖で、照葉樹林帯にいて、冬の餌が他の地域に比べて豊富であることが影響しているのだろう。冬の餌がほかの地域に比べて豊富だ。

さて、ニホンザルの妊娠期間は平均175日で、スノーモンキーの出産期は4月が中心になる。4月に生まれるアカンボは、目は開き、耳も聞こえ、毛は一応生えており、生まれてすぐ母親の腹側の毛を強く握りしめてぶら下がり、母親の移動時にもしっかりつかまっている。母親は休む時はアカンボを支えてやるので、自然に母親の乳首の近くにアカンボの口が行き、哺乳も楽になる。生後3ヵ月頃までは、アカンボは母親にしっかり捕まえられていて離してもらえないが、それ以降は少しずつ離れて、他のアカンボと遊ぶようになる。

野生ニホンザルの出産は3－4年に一度なのだが、餌付け群では2年に一度、時には毎年生むこともある。餌付けされていない野生群では連年出産はない。

ニホンザルのアカンボの哺乳量は生後3ヵ月で減り始め、5－6ヵ月で離乳しだすのだが、たいていは1年半くらい乳首をくわえている。4月に生まれたアカンボは、交尾期に入る9－10月頃にもしっかり母親のオッパイにぶら下っているのが普通だ。翌年も続けて母親が出産すると、1才になったコドモは、生まれてきたアカンボに追い出されて乳を吸えなくなる。交尾期に入って、哺乳している母ザルは、アカンボが乳を吸う刺激(哺乳刺激)が乳房を通して脳下垂体前葉に届き、発情刺激ホルモンが抑制されるために、発情せず、交尾・妊娠しない。哺乳頻度は減るとはいえ続くので、発情刺激ホルモンの抑制には働いていることになる。

だが、栄養状態がよいと、哺乳刺激がホルモンの抑制に働かないため、発情が起こり、妊娠に至る。そうすると、哺乳しながら胎児を育てることになる。哺乳類では、一般に哺乳と妊娠の同時進行は避ける機構が働いているのだが、栄養がいいとこういったことが起こるのだ。逆に栄養が乏しいうえに、わずかながらの量でも哺乳が続くと母親の発情が抑えられ続け、発情・交尾に至らず、結果として出産率低下につながる。野生群の出産率が20－30％代なのはこのような事情が働いているのだ。

低出産率という点で言えば、妊娠中の栄養不良も影響しているかもしれない。志賀高原での出産期は3月下旬から6月下旬まで続くが、妊娠期間はちょうど冬にあたる。餌を主に樹皮に頼る最も厳しい時期だ。栄養の欠乏はおそらく胎児の発育に悪影響をもたらし、発育しなかった胎児は体内で吸収されていることも、低出産率に表れているのだろう。

5　群れの盛衰

・豪雪による大量死亡

1983年の暮れから降り出した雪は翌84年2月中旬まで降り続き、例年にない豪雪になった。

この年は各地で豪雪に見舞われ、いくつかのニホンザルの生息地では大量死亡が確認された。

１９８４年春の下北半島での大量死亡は、３つの群れで起こり、死亡率はそれぞれ16・５％、33・９％、46％で、特定の年齢に偏っていなかった。83年の秋には、サルが食べる木の実が全部凶作で、十分食べて冬に備えることができていなかった(日本霊長類学会１９８９年自由集会での東滋・足沢貞成・綿貫豊の講演要旨)。追い打ちをかけるように豪雪となり、春の雪解けも遅れて、冬に消耗しつくしていたサルに春の新芽の時期の遅れがさらなる追い打ちをかけた。このため、すでにエネルギーを消耗しつくしていたサル達の大量死亡につながったのであろう。

同じく84年の春の白山では、蛇谷の２群１３７頭が90頭に激減した、主としてアカンボ、１－２才、16才以上のメスが死亡した。白山では83年秋にブナの実が不作で、又、雪崩跡地の高茎草原が豪雪におおわれて春先に食べる草の新芽を得ることができなかった(滝沢・志鷹、1985)。

太平洋側の金華山では51－53頭の群れが84年の春に性・年齢に偏らずに26－27頭死亡した。ここでも前年の秋にサルの主食であるブナ、クリ、コナラ、ケヤキの実が凶作であった。太平洋側は本来ほとんど降雪はないのだが、この年は頻繁に降雪があり、気温低下のために春先の草や木の新芽が遅れたので、サルの採食が思うように行われなかったのであった。このように見ると、３ヵ所の大量死亡は、秋の木の実の凶作、冬の低温と豪雪、春の草や木の新芽の遅れが原因であった(伊沢、1988)。志賀高原では１９８３年には豪雪であったが、大量死亡は見られなかった。

サルの大量死亡の要因を考えてみると、サル達は草木の新芽の時期、木の実の豊凶、気象変化などの微妙な組み合わせの中で暮らしていることが分かる、それらが、今回のように少しずれるとサルの大量死亡につながるのだ。

・群れの大きさ

サルの誕生や死によるメンバーの増減は、群れに変化をもたらす。横湯川流域のB群は１９６７年に分裂したので、この群れを例にして考えてみよう(和田、1964; Wada, 1983)。

１９６２－63年当時、B群のメンバーとして確認できたのは全部で76頭だった。多少の見落としの可能性を考慮して、約85頭が総数だと推定した。４年後の67年にも、やはり正確な頭数は不明で、総数90頭以内と推定した。

なお、群れ毎にメンバー数はさまざまである。横湯川流域ではこの、85－90頭のB群が最大で、餌付け前のA群は23頭、C群は12頭だった。群れサイズは分裂後の年数、地域個体群が有する生息域の環境収容力などで決まると思われる。たとえば１９８０年当時下北半島を見ると、北西部では3群いてそれぞれ31、34、34頭でほぼ同じだったのに対し、南西部の群れは14、13、46頭で、規模はバラバラであった(Takasaki, 1981)。

横湯川のB群に話を戻そう。１９６7年に群れが分裂したのち3、4年間は、分裂してできたB_1群(分裂群)とB_2群は同一地域を共有していた。だが、１９７1年にはB_1群は竜王沢を上流へ遊動域を拡大させ、ついには標高２００９ｍの焼額山を越えて北側の雑魚川に移動した。B_2群のほうは、元のB群とほぼ同じ場所に留まった。

群れの個体数が増えると餌の必要量も増えるので、遊動域を拡大する必要にせまられる。だが、無制限に遊動域を増やすことはできない。この地域の沢沿いはサルの生息に適した森林なのだが、尾根筋にはシラカバ林やアカマツ林が多いので、遊動域を拡大させることは難しいのである。そうなると群れを分裂させ、片方の群れは新しい地域に移動していく必要に迫られることになる。

1頭当たりの遊動域面積で比較してみると、B群だった1963年には0・034km²、1966年には0・032km²であった。それが、分裂後の1972年にはB_2群は24頭、1・99km²の遊動域なので、1頭当たり0・083km²となっていた。雑魚川流域に進出したB_1群は約65頭として、遊動域13km²なので、1頭当たり0・2km²になった。元の遊動域に居座ったB_2群は2・5倍の面積を、新しい流域に進出したB_1群は6・5倍の面積を獲得した。これで、B_1・B_2群とも群れサイズを拡大できる新たな生息条件を獲得したのである。

・群れサイズは環境によって制限される

北アルプスと後立山連峰のあいだを流れる黒部峡谷には、サルの群れが遊動域を接するかたちで分布しており、赤座ら(1987)が31群を確認した。そのうち、明らかにした18群の平均群れサイズは23・8頭だが、下流側の9群は群れサイズが29・4頭、上流側のそれは18・2頭と、明らかに下流側の群れサイズが上流側に比べて大きいのだ。下流側の地形はそれほど急峻ではないので、冷温帯の落葉広葉樹林が優先しているが、上流側は極めて急峻で、森林の密度も下流側に比べると疎《まば》らである。針葉樹林帯からすぐに高山帯になるので、サルの生息環境としては狭く、厳しいのである。おそらく森林の生産性が低く、サルの食べ物になるものが少ないためだと思われる。

石川県の白山西側を流れる尾添川沿いにサルの群れが22群知られ、そのうち14群の平均群れサイズは44頭(19－102頭の範囲)(滝沢ら、1995)。この調査地域は白山の自然保護区になっていて、広大な冷温帯の落葉広葉樹林が維持されていて、黒部峡谷よりも大きな群れサイズを維持していると思われる。

下北半島、黒部峡谷、白山ともに積雪地帯の冷温帯の落葉広葉樹林に棲んでいるので、白山の群れが最も生産性に富んだ森林にいて、従って群れサイズも大きいと見ることができそうである。

屋久島のサルは海岸沿いの照葉樹林に多く分布しており、その群れサイズは平均16・9頭(調査した群れ数15、7－29頭の範囲)で(Yoshihiro et al, 1999)、本来は群れサイズは大きくなってもいいと思われるのだが、おそらく高密度に分布しているので、群れサイズは小さくなったと考えることができるだろう。ところが同じ照葉樹林の大隅半島東海岸沿いでは群れサイズがそれぞれ14、56、66頭を観察した。屋久島では林道1km当たり4－6群がいるのに、大隅半島では1km当たり0・1－0・2群であった(藤田ら、2015)。この差は、単に密度によるだけでなく、亜種の違い、群れ間の競合などを含めた社会的関係、なんらかの森林管理による影響などが考えられる。

・オスの出入りによる変化

ニホンザルの群れでは基本的にオスは生まれた自分の群れを離れ、隣接する群れに移動することは第一章でも触れた。１９６３年から10年間に及ぶＡ群の詳細な観察記録によると(常田・原、1975)、63年に23頭だったＡ群は73年に81頭に増加したが、その間に５才以上のオスは毎年３－12頭の割で増加した。その間にオスは続々と離群した。計29頭だが、その内訳をみると、３－６才のオスは16頭、そのうちＢまたはB_2群に入ったのは６頭、Ｃ群には７頭、不明は３頭、７才以上のオトナオスは13頭、そのうちＢまたはB_2群に入ったのは５頭、Ｃ群には１頭、別の流域に移動したのは１頭、不明６頭であった。この間にＡ群に入ってきたオスだが、計10頭、その内訳は３－６才では１頭、７才以上のオトナオスは９頭だったが、どこの群れから来たのかはわからなかった。おそらく近間にいるＢ・Ｃ群から来たと思われる。入群より離群の方が圧倒的に多いのは、Ａ群の群れサイズが大きくなったから当然のことであろう。

近接群に入ったオスがまた別の群れに移籍する、Ａ群に入ったオスがまた別の群れに出て行くこともある。オスの大部分は自分が生まれた群れを出て、近接群に入るので、そこには血縁関係のメスザルはいない。オス同士では同じ群れから移ってきたオスは同じ家系に属する場合はあるかもしれない。群れはニホンザルの社会では基本になる構造だが、オスの出入りを通して別の構造を見ているのではないかと考えた。Ａ群を中心にしてみると、オスの出入りはほとんどＢ・Ｃの２群であるので、それ以外とはオスを通したつながりはほとんどない。それ故、横湯川流域の3群は1つの地域個体群であると言いたいのである。すでに述べたように、3群は季節によっては同一地域を共有し、時には棲み分けているので、生態学的に密接な関係を保っている。ある群れのサイズも他の2群の群れサイズとの関係で制限され、それを超えると、他の流域に移動することによって3群の存在を維持していると言えるだろう。

この3群からなる地域個体群の成立を類推してみたい。最も大きな群れサイズのB群が横湯川流域での母体群と仮定すると、A・C群の位置がうまく説明できる。おそらくA群が初めに分裂したのだろう。その理由はB群の下流側に遊動域を設定したからだ。下流の方が気象は厳しくないし、林相も多様で、餌になる木や草の種類が多いからである。そして、1963年当時、群れサイズがB群約85頭、A群23頭、C群12頭なので、A群は分裂してから少し時間が経過していたと思われるからである。B群はA群をはき出した後、さらにC群を分裂させた。それゆえ、C群は分裂してまもなくの群れであり、かろうじて落合から上流側に遊動域を設定し、食べ物の生産量が十分な秋にはB群と同じ地域を利用したのである。その後、さらにB群は増えたので、B_1・B_2の2群に分裂し、群れのサイズの大きなB_1群が別の流域に移動し、B_2群が残って横湯川流域の群れの許容力を回復させたのである。

第三章　熱帯起源の霊長類が積雪地帯にまで進出した

1　ニホンザルは寒冷・豪雪地帯にも棲息する

ニホンザルと一口に言うが、２種類いるのをご存知だろうか。九州から本州の下北半島までホンドニホンザルが、屋久島にはその亜種であるヤクニホンザルが分布する。その生息環境としての植生は、屋久島から九州、四国、本州の中国地方には照葉樹林が、本州の中部から北部にかけては暖温帯ー冷温帯落葉広葉樹林が広がる。

ニホンザルを含むマカカ属のサルだけでなく、霊長類は熱帯起源だとされており、現在も、温暖な地域に生息する種類がほとんどだ。ではなぜ、地獄谷温泉のサル達など、いわゆるスノーモンキーは、はるばると冷温帯の厳しい気候帯にまで分布域を拡大してきたのだろうかと不思議になる。

私はインド、ネパール、中国で、ニホンザルに近縁な、同じマカカ属のアカゲザル、アッサムモンキー、チベットモンキーを調査してきたが、生息地であるユーラシア東部の冷温帯では、本州日本海側や山地の豪雪地帯のような、寒冷で積雪が２－３ｍにもなるような条件下に棲むサルはいなかった。おそらく、新生代第四紀更新世（表5・82頁）の中期以降のある時期に大陸から日本列島にやってきた祖先ザルがニホンザルに進化したのだろう。どのような過程で進化してきたかを類推するために、これまでのおさらいとなるが、積雪地帯に棲むニホンザルの生態的特徴を4つにまとめておこう。

① 季節によって利用する土地を変え、四季によって特徴的な食物選択を行う。春は草や木の新芽、若葉、イチゴの果実、タケノコなどを食べる。夏は標高を上げ、春と類似の食物を食べるが、植物は成長して次第に硬い葉ばかりになり、それが主食になる。秋は主に果実類、バッタを食べる。冬は樹皮、冬芽、ササの葉を食べる。

② 冬は食物の種類が乏しく、栄養的にも貧弱で、サルの生命活動を維持するために必要なエネルギーとしての基礎代謝量と生活に必要なエネルギーを賄うにも極めて不十分である。

③ 秋の主食である果実は年による収量の豊凶が激しいが、種類によって豊凶の周期がずれているので、サルは毎年一定量の収量を得られ、食物として維持されている。秋の果実は、サルの皮下脂肪や腸間膜脂肪として蓄積され、冬のエネルギー不足分を補充する意味で極めて重要である。

④ 群れは社会的にも生態的にも基本的な単位である。地域個体群の大きさは生息環境に規定されるので、分布域の変動に関与する対象は、群れではなく、地域個体群である。

以上のことを踏まえて、太古からニホンザルが歩んできた道を探ってみたい。

2　近縁種の生態

ニホンザルに近縁な種類は、同じマカカ属のカニクイザル（インドネシアと東南アジアに分布）、アカゲザル（主にインド、東南アジア、中国）、タイワンザル（台湾）、ニホンザルで、カニクイザルグループに一括されている。このグループの祖先は前期更新世の150－130万年前にインドネシアのジャワ島周辺で起源し、そこから北方へ分布域を拡大した分派は前期更新世後期－中期更新世前期の90－60万年前にミャンマーやインド北部で祖形アカゲザル（現在のアカゲザルの祖先）に分化した。中期更新世後期の約25万年前にはそのサルが日本列島に到達したとされている（Delson, 1980）。これらの主張には化石の証拠が不十分なので、すべてをのみ込むわけにはいかないが、前期更新世に南アジアのどこかでこのグループの祖形に当たるサルが分化したということを議論の出発点にしておくことにする。

・生息域の違い

さて、ニホンザルはいつ頃、どのようなルートでやってきたのかを探るため、彼らと同じ祖先をもち、私が調査したことのあるアッサムモンキー、チベットモンキー、アカゲザルの生態や分布を概観してみたい。

アッサムモンキーとチベットモンキーは、インドに分布するボンネットモンキー、セイロンのトクモンキーを含めてトクモンキーグループと言われ、カニクイザルグループよりも原始的で、地質年代としてはより早い時期にインド亜大陸で分化、拡大したと言われている。そのため、あとから分化・発展したカニクイザルグループがトクモンキーグループと競合しつつ分布を拡大していったと思われる（図6・80頁）。

アッサムモンキーとアカゲザルをまず見てみると、ネパールではアカゲザルは、タライの亜熱帯林からヒマラヤの冷温帯林まで広域に分布している。アッサムモンキーはカトマンズ盆地とほぼ同じ標高（1000－2000m前後）の地域に、アカゲザルの分布域の中に孤立分布する。両者が同じ場所を利用しているときには、アカゲザルがひとしきり採食・休息してよそに移動した後にアッサムモンキーが現れるのを観察した（Wada, 2005）。ブータンでは、標高100－300mの亜熱帯林にはアカゲザルが優先的に分布し（Choudhury, 2008）、標高600－2800mの暖温帯林から冷温帯林にはアッサムモンキーが優先している（Kawamoto et al, 2006）。中国南部の広西壮族自治区のライムストーン（石灰岩）地帯ではライムストーン塔の上部をアッサムモンキーが利用し、その平地はアカゲザルが占拠していた（和田ら、2010）。いずれの地域でもアカゲザルが優先的に分布域を占め、アッサムモンキーがそれに挟まれるように孤立分布するとみられる。

チベットモンキーとアカゲザルに関しては、安徽省の黄山での観察がある。標高800mから上

ネパール、ポカラ郊外のアッサムモンキー

中国山西省のアカゲザル

中国安徽省黄山のチベットモンキー（オス・メス）
（いずれも写真：筆者）

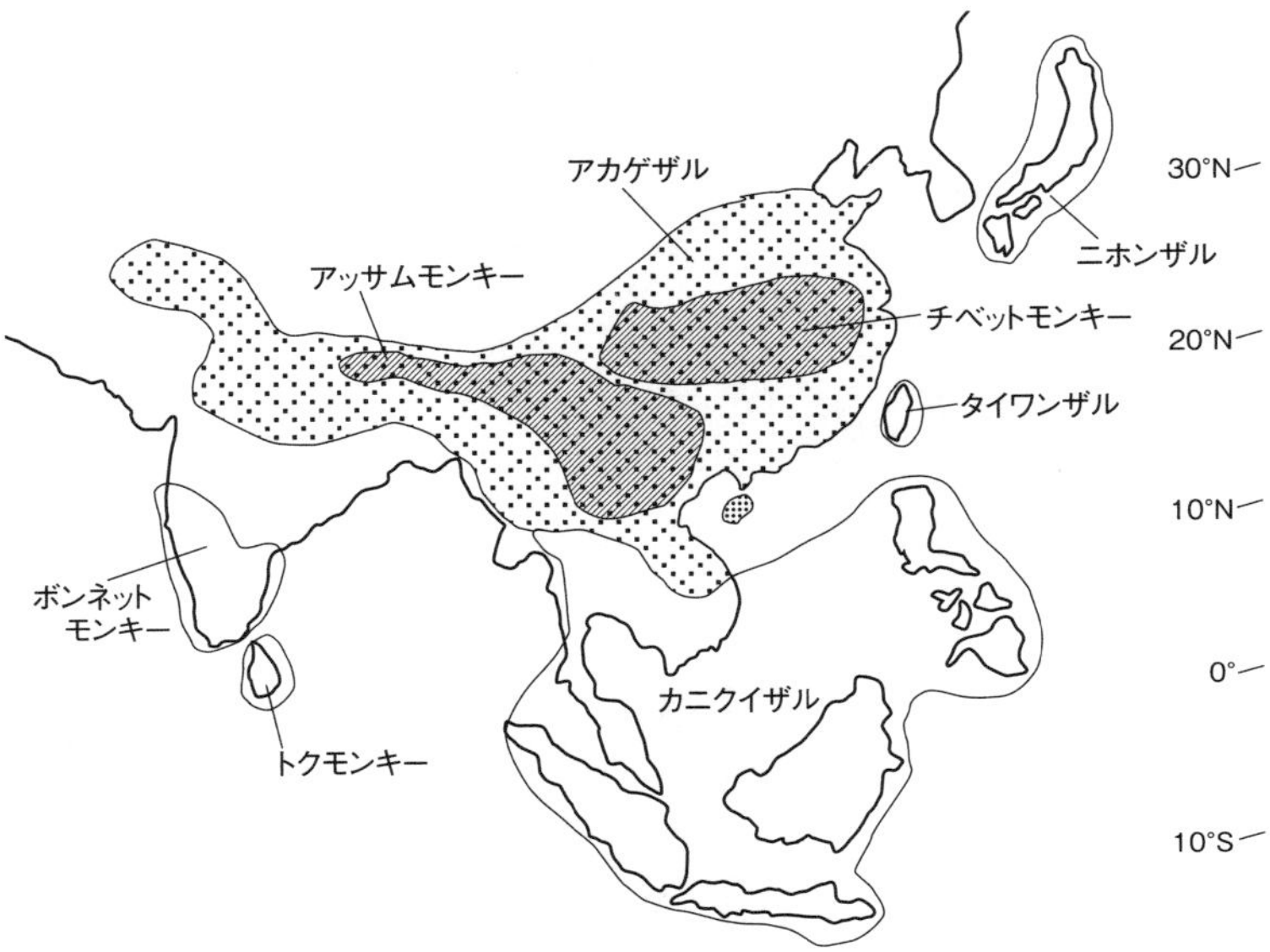

図６　アジアにおけるマカカ属（トクモンキーグループ、カニクイザルグループ）の分布

部の暖温帯ー冷温帯林にチベットモンキーが、その下方、照葉樹林帯にはアカゲザルが分布する。チベットモンキーがいない地域では、冷温帯林までアカゲザルが占めていた。人工的にチベットモンキーを捕獲すると、下部にいたアカゲザルが空いた地域を占拠した（Wada, et al, 1987）。

　これらのことから、アッサムモンキーとチベットモンキーに対してアカゲザルが優位に立って分布しているように考えられる。

　アカゲザルの生息域は、パキスタン東部からインド、ミャンマー、タイ北部、中国北部にまで広がる。中国では青海省の標高３７００ｍの森林限界近くまで、北は北京近くまでで、マカカ属で最も広く、多様な森林帯に分布する。カニクイザルは、インドネシアからタイ南部に広がり、アカゲザルとは棲み分けている。これら2種は平地を優先的に占拠しているが、それに反してチベットモンキーは四川省から安徽省にかけて揚子江の北岸から南へ、雲南省から広西壮族自治区付近の山間部に点状分布する。アッサムモンキーはネパール西部から中国南部にかけてヒマラヤ山系の南縁に細長く点状分布する。

・出産率と分布の拡大

分布拡大とか種間の競合といったことを知るには出産率が重要な指標になる。アカゲザル、チベットモンキー、ニホンザルなどには出産率について詳細な資料があるが、他の種類についてはあまりない。

出産率の資料の中では、何といってもニホンザルのものが充実している。野生ニホンザルの出産率は20－30%だが、餌付け群では60－70%に急増する。アカゲザルでは野生群で70%を超えることが知られている。カニクイザルも60%を超えており、アカゲザルと類似の高出産率である。トクモンキーはニホンザルとアカゲザルの中間にあるようだ。

カニクイザルとアカゲザルは同じような生息環境に棲み、類似の出産率と個体群増加率(毎年決まった日時に個体数調査して数えられた全頭数の前年比)であるとすると、平地を選択しており、類似の生態的諸条件を必要としているので、同じところに棲むことはできないから棲み分けることになる。ところが、アカゲザルの高出産率と高個体群増加率のためゆえにアッサムモンキーやチベ

更新世区分		期間	各氷期	期間	最盛期
後期更新世	後期	5万～1万年前	ウルム氷期	8万～1万年前	2万年前
	前期	12万～5万年前	リス氷期（後期）	19万～13万年前	15万年前
中期更新世	後期	30万～12万年前	リス氷期（前期）	30万～24万年前	25万年前
	中期	50万～30万年前	ミンデル氷期（後期）	48万～43万年前	43万年前
	前期	70万～50万年前	ミンデル氷期（前期）	56万～51万年前	
前期更新世	後期	100万～70万年前	ギュンツ氷期	82万～79万年前	80万年前
	前期	170万～100万年前			

表5　日本列島の更新世とその氷期（亀井ら, 1988を改変）

ットモンキーは次第に分布域を押さえ込まれ、孤立し、点状分布を形成したと推定される。

3　ニホンザルの登場

・季候の変動

前期・中期更新世（表5）の地質年代にマカカ属の化石が大変少ないことはすでに述べたとおりだが、ニホンザルが祖先からどのように分化したのかを推測するためには、まず、祖形アカゲザルが暮らしていたユーラシア大陸東部の気候や動植物相の、当時から現在までの変化を知ることが重要である。

元々、第三紀の日本列島には温暖な気候下にオオミツバマツ、ヌマセコイア、セコイアなどが優先する林が成立した。第三紀の鮮新世末期に至り、シキシマハマナツメ、ヒメバラモミ、チョウセンゴヨウ、ミツガシワなど第四紀要素が増大し始めた。いよいよ更新世に入ると、寒冷気候と温暖気候、乾燥化と湿潤化などが繰り返され、次第に第四紀特有の森林が形成されだしたのである（鈴木・亀井、1969：鈴木・亀井、1973）。

哺乳類も時代によって変化している。鮮新世には日本列島の哺乳類相は東南アジアのそれに似ていて、温帯型森林生活者のインド・マレー動物相（図7）と呼ばれるステゴドンゾウ、ジゴロホドンゾウなど、日本ではアカシゾウ、アケボノゾウなどが含まれた。

更新世に入ると、中国北部では温帯北部の森林―草原性の泥河湾動物群のアーキディスコドンゾウ、シフゾウ、カズサジカ、ルサジカなどがインド・マレー動物相に加わった。これらの動物化石は九州から新潟、関東で発見されている（亀井・瀬戸口、1970）。

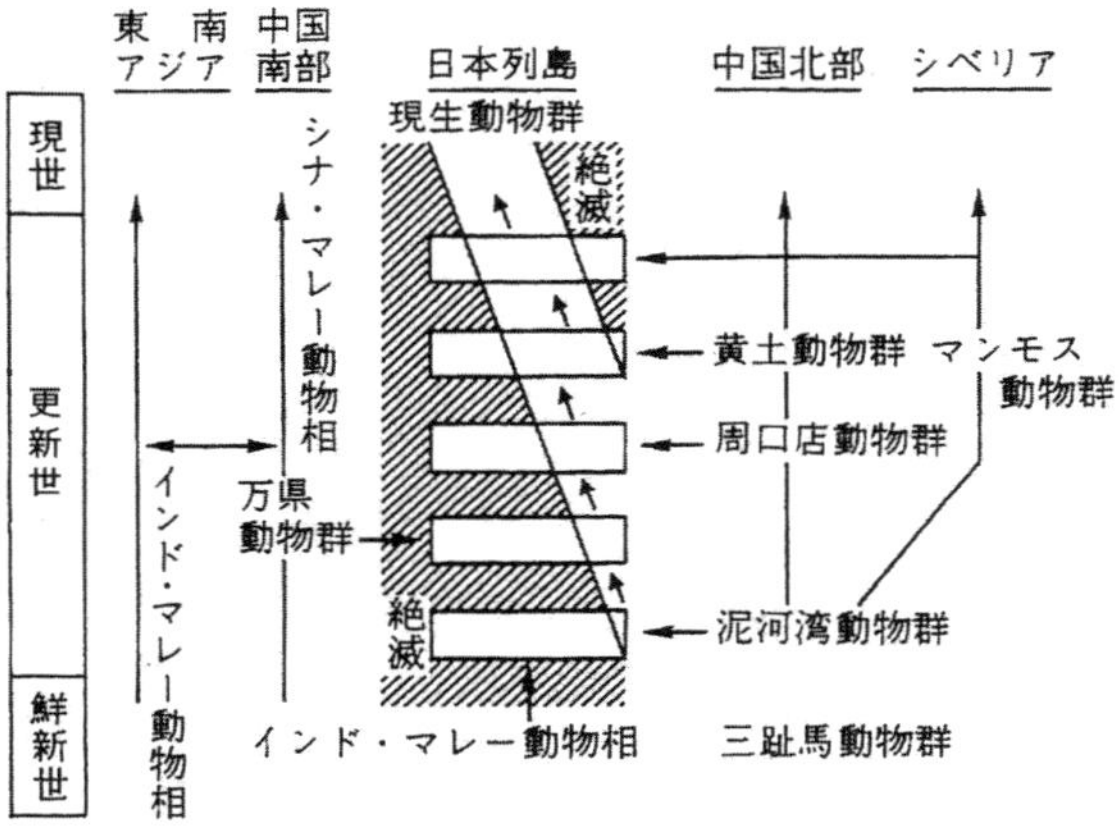

図7　日本列島を中心とする第四紀哺乳動物群の変遷（鈴木・亀井，1969を改変）

中期更新世前期は、第四紀の第二氷期であるミンデル氷期前期の56―51万年前を含み、この頃は東シナ海や対馬海峡ともに氷が張り、日本は大陸とも陸続きであったと推定されており、中国南部から東南アジアに広く分布していたトウヨウゾウを含む万県動物群（ジャワ原人はこの動物相と一緒にいた）が琉球や本州へやってきた。中期更新世中期のミンデル氷期後期にはナウマンゾウ、オオツノジカ、ヒグマなどを含む周口店動物群（ペキン原人はこの動物群と一緒にいた）が日本列島にやってくる。この状態は、次のリス氷期（第三氷期）が始まるまでの、温暖なミンデル―リス間氷期（中期更新世中期後）に入る約40万年前まで続いた。ミンデル－リス間氷期の化石には、ナウマンゾウ、ムカシニホンジカなどが知られている。

ウルム氷期（最終氷期で、後期更新世後期）に対馬海峡が干上がったかどうかには諸説あるが、狭い流路が残されていたともいう。しかし、大陸からサハリン、北海道を経てマンモス動物群のヘラジカ、ヤギュウ、ヒグマは本州に到達していた（ただし、マンモスは発見されていないので、津軽海峡は閉じられなかったようである）。

なお、リス－ウルム間氷期で海面が広がり、日本列島が大陸と離れた時期には、前の時期に陸続きで渡来していた万県動物群と周口店動物群の動物達が日本列島で固有化を果たしている。

・祖形アカゲザルはいつやってきたのか

すでに述べたが、前期更新世にジャワ島周辺で分化したカニクイザルグループの祖先は北に分布域を広げ、中期更新世にミャンマーやインド東部で祖形アカゲザルを生み出した。この頃に万県動物群は東南アジアから中国南部、さらには日本にまで広がっており、陸化していた東シナ海、対馬海峡を渡り、本州に達していたとみられている。だとすれば、祖形アカゲザルは、万県動物群の一員として東南アジアから日本に到達していたと思われる。

祖形アカゲザルが日本列島にやって来たのが中期更新世だったとするのは、この時期に黄海と東シナ海が陸化して、照葉樹林や落葉広葉樹林が現れたという事実から見ても当を得ているだろう。

では、中期更新世のいつ頃かというと、前期あるいは中期と考えられる。なぜかというと、中期更新世の初め頃には日本列島では大陸と縁の深い万県動物群が優勢であったのが、終わり頃には周口店動物群に取って代わられ、次第に中国大陸との共通性が薄くなっているからである。

日本列島に渡った動物達が間氷期に日本に固有化していったのと同じく、祖形アカゲザルも同じく日本で固有化し、ニホンザルへと種分化したと考えるのが妥当だろう。福岡県や山口県では中期更新世中期にはニホンザルの化石が出土しているので、祖形アカゲザルはそれ以前の中期更新世前期には日本列島に渡来したと考えることができる(相見、2002)。

いずれにせよ、後期更新世前期には岐阜県熊石洞、栃木県葛生、下北半島尻屋岬でニホンザルの化石が発見されており、ウルム氷期以前に日本列島に分布していたことも明らかである。アジアでニホンザルが含まれるカニクイザルグループが起源したのが前期更新世、それが日本列島にたどり着いたのは中期更新世だから、起源してから日本列島にたどり着くまでに100万年前後かかっていることになる。

ところで、カニクイザルグループのカニクイザル、アカゲザル、タイワンザル、ニホンザルの形態を見ると、ある特徴に気づく。南に分布するカニクイザルは体が最も小さく、尾が最も長い。アカゲザルでは、尾は体長の半分くらいになり、体はやや大きくなる。アカゲザルとタイワンザルは形態が大変よく似ている。ニホンザルの尾は最も短くなり、体はさらに大きくなる。このグループでは、サルは北に行くほど尾は短くなり、体はごろんとごつく、大きくなる。祖形アカゲザルが南で分化し、北に分布域を拡大したという推定は、このような北方への適応と見られる体型の特徴が支持していると見ることができるだろう。

・ブナ林の広がりとともに北上

ウルム氷期は今から約８万年前に始まり、亜間氷期を経て最も寒冷な2万５０００－1万５０００年前（最寒期）にいたった。その後、1万2０００年前から温暖期に向かい、1万年前から後氷期に入る。仕組みについてはあとで説明するが、日本海側の豪雪は、温暖化しだす少し前の1万３０００年前頃から出現したと言われている。最終氷期のウルム氷期には、当時の年平均気温は現在より7－９℃低かった。現在の気温で比べると、7℃低いと東京は札幌と同じ気候になる。当時の照葉樹林は屋久島と種子島に限定されていたか、あるいは九州、四国、紀伊半島付近にも分布していたともいわれている。東北地方から中部山岳地帯にかけて、また関東平野も含めて、亜寒帯針葉樹林におおわれていた。西日本は針広混交林におおわれ、奈良盆地周辺の山岳部には冷温帯落葉広葉樹林から亜寒帯針葉樹林が広がっていた。また、瀬戸内海は陸化して、コナラ、ハンノキなどを含む冷温帯落葉広葉樹林が主体をなした亜寒帯針葉樹林との混交林におおわれていた。

ウルム氷期の植生変遷は寒暖や乾湿の差で大きく変化する。日本列島の降雪量は日本海の表面水温と寒気団の気温に影響を受けており、対馬暖流が日本海に流入しなかったり、勢力が弱まると日本海の表面水温が低下して蒸発量が少なくなり、降雪量は減るだろう。暖流が日本海に流入すると、表面水温が上昇してシベリヤからの寒冷な吹き込みとの温度差が大きくなり、降雪量は著しく増大する。

1万3000年前ごろから対馬暖流が日本海に流入し始め、従って降雪量が増大し始めた。8000年前頃から対馬暖流の本格的流入の時代になり、日本列島の日本海側における豪雪が本格化した。

祖形アカゲザルはインド・マレー動物相の一員なのだから、亜熱帯から暖温帯性の森林に棲んでいたが、中期更新世に日本列島に棲みついたころ、植生としては冷温帯ないし亜寒帯要素と見られる種群の他に暖温帯要素も出現し、スギ、モミ、コナラ、ハンノキ、オニグルミ、サワグルミなどの温帯性針葉・落葉広葉樹林も知られていた。

当時の日本列島は暖温帯から冷温帯、さらに亜寒帯までを含み、多様な植生からなるので、祖形アカゲザルはそれらの植生帯に広く分布していたと見られる。当時の化石は少ないので、現生のアカゲザルの生活から類推するしかない。アカゲザルは亜熱帯から冷温帯まで、マカカ属の中で最も広く、多様な森林帯に生息する種で、ニホンザルと類似の生活様式を持つ。だが、アカゲザルが生息するインド、東南アジアから中国にかけての地域は、冬の降雪量が日本列島に比べて少なく、冬の期間が短いので、積雪地帯のニホンザルに比べて食物、気象などでは棲みやすい生活条件下にある。冬に多量の降雪がなければ、食べ物のレパートリーもそれなりに確保でき、栄養的にもひどく貧しいという水準ではない。そのような条件下だとある程度の出産率を維持し、相対的に低い死亡率ゆえに高めの個体群増加率を維持することになる。

日本列島で中期更新世中期に祖形アカゲザルが、動植物相の孤立化、そして固有化の過程でニホンザルになったとすれば、最寒期が始まった2万5000年前にはすでにニホンザルがいたことになる。最寒期は現在より寒冷で、かなり乾燥していたとされているので、サルは積雪に対する適応はなかったと思われる。

この時期の海況と植生変遷を見てみよう(安田、1982; 日本第四紀学会、1987)。おおよそ2万年前あたりが最寒期だと言われているが、2万7000年前から海水準が低下し始めている。黄河の河口は済州島東側に移動して日本海に淡水を供給しており、日本海は閉鎖的になるにつれて淡水化し始める。この時期に太平洋側では黒潮前線は、親潮が勢力を強めて九州東方付近まで南下しており、日本列島の大半は寒冷気候であった。また、親潮は津軽海峡から日本海にも流入しており、日本海側では北方系の動植物が多かった。豪雪をもたらすことになる対馬海流はまだこの頃は流れ込んでいなかったので、降雪量は極めて少なかったろう。植性については、シイ、カシを含む照葉樹林は屋久島・種子島や、わずかに本州、四国南部の海岸線のみに限られていた。関東以西では落葉広葉樹林が多く、陸化した瀬戸内海にはコナラ、ハンノキなどの冷温帯落葉広葉樹林が勢力を拡大した。関東平野の平地にはケヤキ、ナラなどを含む落葉広葉樹林が、山地には亜寒帯針葉樹林が広がっていた。

祖形アカゲザルの生態から類推すると、当時のニホンザルは照葉樹林や落葉広葉樹林には棲んでいたと思われ、西日本には間違いなく分布していたはずである。最寒期以前には、ニホンザルの分布は広く、東北地方にまで及んでいたのだが、寒冷化につれて分布域を関東以西に縮小したのである。問題を整理するが、塚田(1984)によると、日本列島が温暖化していき、約1万3000年前頃から日本海側への対馬暖流の流入が多くなり、8000年前には本州の日本海側は冬に本格的な豪雪に見舞われるようになる。温かい対馬暖流の蒸気は上空で寒気で冷やされて、大量の雪となって降りそそぐのである(安田、1982：安田、1984)。そのことは1万3000年前前後の日本海側にカバノキ属の花粉が増加したことによって示されている。その理由を説明しよう。日本海側の鳥浜貝塚を含む三方湖周辺では1万3000年前頃に気候の温暖化が始まり、周辺のコメツガを中心とした亜寒帯針葉樹林が後退し始め、その後を埋めるように、森林変化の移行期としてヤナギ、ハンノキ、ハシバミ、カバノキ、ナラなどが増加し、やや遅れてブナ林が増加し始めている。そのころブナ林は日本海側を中心に北緯40度付近まで拡大し、8500年前ころには東北地方北部に到達した。

最寒期のニホンザルの分布が関西以西の冷温帯や暖温帯にあったとすれば、当時ニホンザルはブナやナラの実を主食にしていたということは、現在の生態から十分推定できると思うのである。ブナ林が1万2000年前頃から増加して北上しだしたわけで、これとともに、あるいはこれにやや遅れてニホンザルも分布を北に拡大したと思われる。最寒期の亜寒帯針葉樹林の後退後にいち早く入り込んでくる先駆植性としては先にも述べたようにブナだけでなく、ヤナギ、ハンノキ、ハシバミ、カバノキ、ナラなども北上するため、春のヤナギの花芽、秋のツノハシバミの実、ミズナラの実を餌にできただろう。

・スノーモンキーの誕生

さて、落葉広葉樹林の先駆植性の中でもブナ林の卓越が目に見えて広がりだすと、ニホンザルの生息も可能になる、豪雪が始まる1万3000年前頃のことである。

最終氷期としてのウルム氷期は1万年前に終わり、そこから後氷期が始まるので、それ以降ブナ林がどのように拡大するのかを見よう。1万5000年前に東北地方は亜寒帯針葉樹林が優先し、若干落葉広葉樹林が混交していた。1万2000年前には長野県や兵庫県でブナやナラの急増が見られ、落葉広葉樹林が拡大した。この時期には盛岡のやや北を走る北緯40度以南でブナ林が優占し、多雪地帯であることを示した。1万3000年前頃から日本海への対馬暖流の流入が本格化し、8500年前ごろから北緯40度以北へのブナ林の拡大が始まった。8500年前以降太平洋側や東北地方北部でもブナ林が優勢になり、日本列島が大陸型の気候から海洋型の気候に転換した。太平洋側のブナ林拡大は日本海側に比べて若干遅れたわけである。7000年前ごろにニホンザルが棲める現在の森林帯が出来上がったと言われるが、サルの出現はそれよりも遅れるだろうことは明らかである。このような植生分析から(Tsukada, 1982)、ブナ林の北上の速度は日本海側で1年に約120m、太平洋側で87mと推定される(図8)。

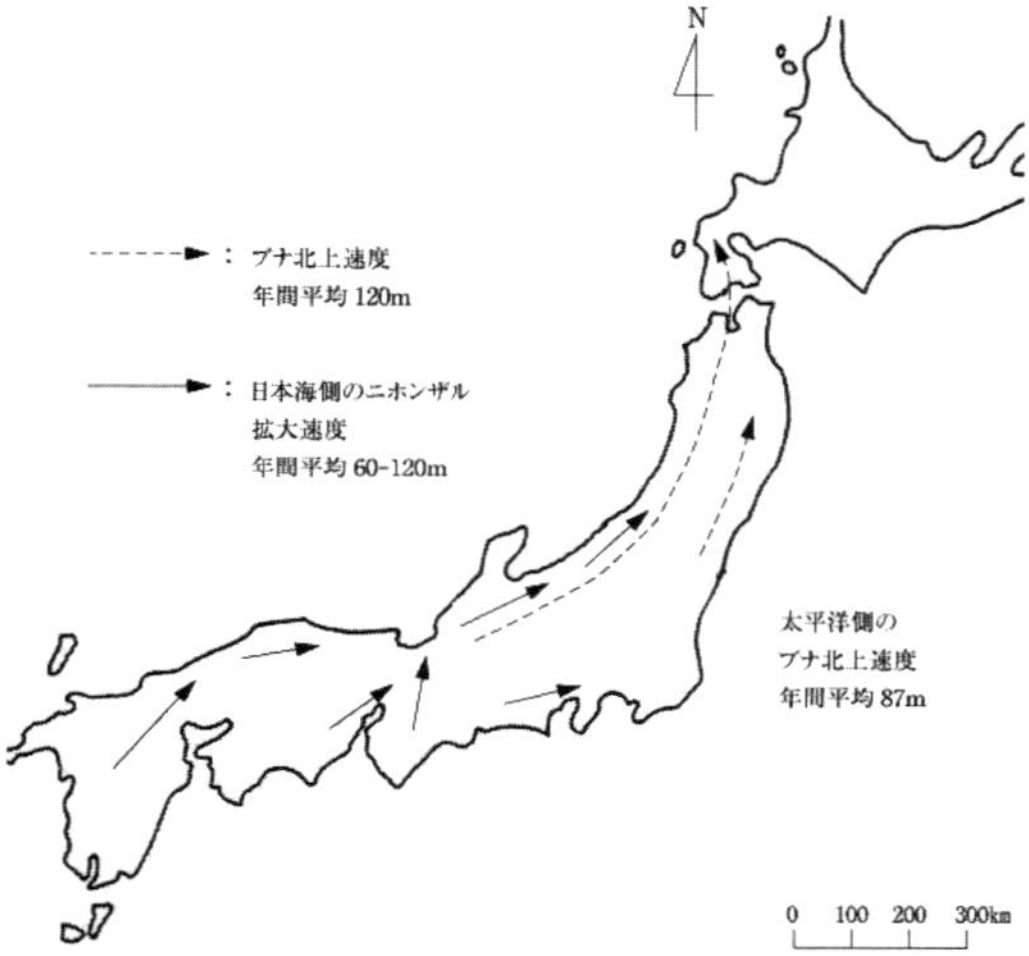

図８　後氷期（１万1000年前頃）の日本列島（Tsukada,1982を改変）

ブナ林が優勢になると、ブナ、ナラ、ミズキ、クリ、ツノハシバミなどの実を秋に食べ、冬を越えるために皮下脂肪などにエネルギーを貯蔵することを可能にする。冬の樹皮食は特別に習得するものではない、現在、積雪がない四国、九州、屋久島でも樹皮食は冬に食べ物が乏しくなったときに見られるからである。他に寒冷・積雪に対する形態上の変化、例えば毛の長さや密度、皮下脂肪蓄積などは、体の防衛反応として自然に形成されるだろうが、行動上の変化、例えば、夜にかたまるオスーオス間のだんご形成などはサルにそれなりの努力を要求したと思われる。すなわち、スノーモンキーの誕生である。

ところで、ニホンザルはどのようにして分布域を拡大したのかは、志賀高原横湯川流域の地域個体群Ａ・Ｂ・Ｃ３群の個体数変化から予想してみよう。３群の関係は第二章ですでに述べた。

普通、野生ニホンザルの年率の自然増加率は３・３％と言われている。例えば、鈴鹿山系霊仙山の自然群では４・９％、その後の餌付けによると13・４％(Sugiyama and Ohsawa, 1982)だが、それに加えて大雪によるサルの大量死なども起こるだろうから、Ｃ群のような小さい群れを生み出すとしても数十年はかかると思われる。母群が初めて横湯川に現れて、A・C群を生み出すにしても数十年はかかるだろう。母群が横湯川に現れてB1群の分裂までに、例えば50－100年かかったとすると、焼額山を越えるには6kmあるので、1年に60－120mの分布域拡大である。ブナの北上の速度は120mと推定されているので、サルの北上はそれよりもやや遅いと思われる。

昔、後氷期に分布域を拡大するときもこうした過程を踏んで進んだとみていいだろう。このようなニホンザルの北方への拡大の際の背景を述べておきたい。2万年前から1万年前にかけてナウマンゾウ、ヘラジカ、ステップバイソン、オーロックス、ヤベオオツノジカなどの北方系大型哺乳類が絶滅したが、この時期は非常に寒冷な気候が激変して温暖化が進み、このような環境の激変が彼らの生息環境を奪い、これら動物の絶滅をもたらした。従って、ニホンザルの北方への分布拡大はこれら北方系哺乳類の消滅の後を南方系の動物が拡大する時期に当たっていたのである。北方系哺乳類が占めていて、空いた新しい生態的地位をニホンザルも含めた南方系の哺乳類が入れ替わる過程なのである。

・ニホンザルだけが生き残った

ニホンザルの祖先であるカニクイザルグループが南方で起源して以降、分布域を北方に拡大し続けた。カニクイザルやアカゲザルが60－70％の高い出産率を保ち、分布拡大を維持してきたのだが、日本列島に入るとニホンザルの出産率は20－30％に低下した。それはおそらく、日本列島の厳しい生息環境にその原因があると思われる。また、ニホンザルの分布域拡大にも限界があると考える。海峡がなくて北海道に至ったとしても北海道南部止まりであったと思われる。それはブナ林が南部までであり、ニホンザルの生理的、生態的調節能力の枠組みが熱帯で起源した際に出来上がっているからである。

中国大陸にはマカカ属だけでなく、尾の長いコロブス亜科に属する種類が5種類、主に南部の広西壮族自治区と雲南省に分布する。その他に、コバナテングザル3種類が、チベット、四川省、陝西省に分布する。マカカ属は中国大陸の南部から、西部の高原地帯をのぞき黄河に至る地帯に、亜熱帯から冷温帯に渡り広範囲に分布し、コロブス亜科の8種類に比べて多様な生息環境に生息し得ている。コバナテングザル3種は、他の5種に比べて地史的に北方のルートを通ってきたことは知られている。前期更新世から後期にかけて中国大陸にはキンシコウの化石が知られており(Chang et al, 2012)、日本列島では鮮新世後期にコロブス亜科の化石、ドリコピテクス属の一種、*Dolichopithecus leptopostorbitalis* が知られている(Nishimura et al, 2012)。

現在、日本列島には中国のようにマカカ属とコロブス亜科のサルを同時に見ることはできない。鮮新世後期に日本列島に知られているドリコピテクスも含めてコロブス亜科は、その後、発見されていない。おそらく更新世前期に入って寒冷化が進むことに対応できずに絶滅したのだろう。だが、同じ更新世に中国大陸にはキンシコウの化石が知られているのは、中国大陸のように広大で、森林の多様性を備えた生息環境ゆえに生き残れたためで、狭隘で、寒冷な日本列島では生存が困難だったのだろう。その後、中期更新世に祖形アカゲザルが渡来して霊長類が復活したのである。

第四章　温泉ザルの苦難——餌付けの問題

1　地獄谷野猿公苑は理想郷⁉

・海外からも訪れる観光客

2013年3月、久しぶりに志賀高原を訪れた。志賀高原は国立公園で、湯田中や渋をはじめとする温泉や、スキー場でも知られてきた場所だ。だが、かつてとは何だか様子が違うようだ。

地獄谷野猿公苑に行くのに、長野電鉄の湯田中駅から上林温泉行きの路線バスに乗ると、車内にはそこそこに乗客が乗っており、さらに上林には団体客を乗せた観光バスが数台は止まっていた。

ところが、上林温泉より先にある志賀高原の丸池行きのバスに乗ると、大きなバスに数人しか乗っていない。スキー場のある丸池とか発哺に行っても止まっている車の数はそんなに多くはないし、実際、あちこちのスキー場を見ても、滑っているスキー客の数は数えるほどしかいない。昔は、スキーリフトを利用しようとすると、必ず長蛇の列に並ばねばならなかったのだから隔世の感がする。

発哺へ行くために志賀高原ロープウェイに乗ろうと蓮池でバスを降りてみても、あたりに人けが

地獄谷自然園の案内図。（写真：筆者）

ない。聞くと、ロープウェイは２０１１年に廃止されたという。さらに、丸池や発哺の老舗ホテルも軒並み閉鎖されており、昼時になって食事をしたいとレストランを探すとその多くは閉店しており、やっと一つ、まだ営業しているホテルの食堂を見つけて空腹を満たせたという体たらくだ。これでは、志賀高原のスキー観光はつぶれていると言わざるを得ない。

地獄谷野猿公苑に行くと、今度は逆の驚きが待っていた。

地獄谷野猿公苑に行くには上林でバスを降りる。公苑まで直接車では乗り付けられないようになっているため、そこから約２kmの林道を歩くことになる。のんびりと、鳥のさえずりを聞きながら歩くのがなんとも気持ちよい。この林道は、サルだけでなく、サルが棲む自然環境をも知ってもらうためになくてはならないものなのだ。手っ取り早くスノーモンキーだけ見られればいいという人は、野猿公苑に来なくてもいいのだ。

だがしかし、そんな林道の果ての公苑に、朝からゾロゾロとひっきりなしに人がやって来るのだ。しかも、入園客のうちの半数近くが外国人である。どこから来たのか尋ねてみると、「私はポーランドから来ました」、「スペインから来ましたよ」と実に様々な国の名が挙がる。

現在、地獄谷野猿公苑には年間10万人規模で観光客がやって来る。国内だけでなく国外からの来苑客も多いのは、二〇〇六年に公苑のスタッフの萩原敏夫さんの写真が「ネイチャーズ・ベスト国際写真コンテスト」大賞になって以来、欧米を中心にスノーモンキーが注目されたためらしい。わざわざスノーモンキーを見に、日本に来ると言うのにはびっくりする。なぜなら、アメリカだと飛行機でひと飛びの中南米に広鼻猿が数百種もおり、ヨーロッパでも近くのアフリカにニホンザルに近縁の狭鼻猿がやはり数百種いるのだから。はるばる日本までやって来て、スノーモンキーにこだわらなくてもいいではないか、と思ってしまう。

冬、野猿公苑でサルに群がる入園客。（写真：筆者）

・サルと人が争わない理由

野猿公苑の入り口で、客は備え付けの預け入れ箱に持物を入れ、身軽になってから餌場に入る。ここでは、入園客に餌を売っていない。客とサルの摩擦を避けるためである。もし、客がサルに餌を与えると、サルが客に近づき、餌を要求する。もらえないと、サルはさらに近づき、客の服を引っ張ったり、ポケットに手を突っ込んだりする。あげくの果てに、客の手や足に咬みついたりする。また、客がサルに手を出したり、むやみに接近することも禁止されている。以前は、あちこちの野猿公苑で入園客に餌を売り、人とサルのトラブルが頻発したので、最近では餌を売らない公苑が多いのである。入園客が餌を与えなければ、サルの方も人に手出しはしないのだ。

冬、露天風呂に入ったサルは、降る雪を頭に乗せて気持ち良さそうに目をつぶり、20－30分ほど、長いこと身動き一つせずに頸《くび》まで浸かっている。どの人達も餌場のサル用の露天風呂に入っているサルを眺めたり、カメラを向けて写真を撮っている。ひとしきり撮影した人達は、周りのサルに目を向け始める。サル達はそんな人達の動きには知らん顔で自分達の好きなように動き回っている。人がいても全く動じることなく、沢山の人の足もすり抜けて自分が目指す方向にさっさと移動していくのだから見事である。もちろん餌場には公苑のスタッフもいて、客やサルの動きに注意を向けており、サルの糞を片付け、餌を撒くときでも広くしてサルの競合が起きないように注意している。

このように、人々と、そしてサルをも魅了している地獄谷野猿公苑は、まるで人とサルの理想郷のように感じられるかもしれない。しかし、実は大きな問題を抱えている。

2　餌付けの功罪

・餌付けは何のためだったたか

ここで、地獄谷野猿公苑の歴史をもう1度振り返っておきたい。

「はじめに」で述べたように、1960年ころ地獄谷周辺にいたA群が畑荒らしをしており、駆除許可が下りた。当時サルの調査をしていた私と仲間達は、それは困るので、群れを山奥に引き込むため方策を考えた。それが餌付けだった。結果、餌付けは成功。さらに、餌付けしたサル達が後楽館の露天風呂に入るようになったことで次第に話題となった。そのため、サルがふたたび畑荒らしをしないよう管理する目的に、「観光資源の活用」という新たな目的が加わって、地獄谷野猿公苑という株式会社が1964年に設立された。

餌付け成功当時の仲間達のほとんどは、餌付けは群れを救うためであり、サルを観光資源として営利目的で活用することは考えていなかった。しかし、株式会社化すると営業利益を上げていかねばならない。当初の思惑などしだいにかすみがちになった。サルが畑荒らしをするのは餌のない冬で、春先とか秋になると野猿公苑の周りにはサルにとっては魅力的な餌が沢山出来る。そうなると、群れは餌場には出てこなくなる。これでは、入苑料を払った入園客が見るものがないので、是が非でもサルに餌場にいてもらう必要がある。そのために野猿公苑がやることはただ1つ、サルが好む餌を年中餌場に沢山撒いて、サルを釘付けにすることだけだった(和田、1998)。

・餌付けが研究を可能にした

日本でのニホンザル研究と餌付けの関係もここで振り返っておきたい。実はこの餌付けがなければ、日本のサル学の発展はなかったと言っても過言ではないからだ。

日本でのサルの生態・社会研究は、1948年に京都大学の今西錦司、伊谷純一郎らが宮崎県都井岬に馬を見に行っていて、偶然にサルの群れを見つけたのが始まりであった。当時、野生のサルを見つけることは、至難の業であったようで、調査に向いた群れを見つけるのに苦労していた。ところが、宮崎県幸島の冠地藤市さんがサルにサツマイモを与えたことがあったので、それをヒントにして1952年に餌付けに成功し、継続的に近くでサルを観察できるようになった。大分県高崎山では1953年に餌付けができて、高崎山自然動物園が発足した。それ以降、兵庫県の小豆島、大阪府の箕面など、全国各地でサルの餌付けを行い、1970年にはこれらの自然公園・野猿公苑などが35苑になった。また、餌付けによって行われた群れの社会調査は今西らによって行われたアフリカでの類人猿から人類の起源に迫る方向に動いて行った。

ところが、餌付けにより研究と観光収益を両立させる野猿公苑が各地にできたのはいいが、1958年頃から入園客にサルが咬みつくトラブルが多発しだした。さらに、公苑内がサルの糞臭い、餌付け群や、そこから分裂した群れにより農作物が被害にあった、などの苦情も増加しだした。このような事件が影響し、また観光の多様化もあって入園客は急激に減少した。さらに、増える一方のサルの餌代や、公苑内のもめ事やその他管理費の増加なども経営を圧迫した。73%が地方自治体、電鉄会社、観光会社だった公苑の経営者は赤字に悩まされ、72年頃から立て続けに各地の野猿公苑が閉苑に追い込まれていったのである(三戸、1995)。

・サルが増えすぎるとどうなるか

餌を沢山与えれば、サルは増える。自明のことだ。そして、群れが急激に大きくなれば、いろいろな問題も起きてくる。

なぜ問題が起こるかを順を追って見てみよう。まず、群れが大きくなると分裂して、新しい群れができる。彼らは母群の近くに遊動域を構え、その地域の地域個体群に加わることになり、生態的な許容量に影響を及ぼす。その許容量が満杯だと人の生活圏にまで降りざるを得ず、畑荒らしをする羽目に陥る。

餌を与えれば、サルの数が急増することは、多くの野猿公苑の現状から明らかになっているが、実際に1995年までに地獄谷で起こったことを見てみよう。95年までとしているのは、のちに紹介するように、この年に避妊処置が行われたためで、それ以降の個体群動態は避妊処置による偏りが生じているからである。

さて、1962年に餌付けしたA群は、当時23頭だったが、どんどん増加し、79年に150頭に達した。すると、A群から60頭が横湯川上流側に押し出されてA_2群となった。A_2群は80年代に下流側に移動してリンゴ園荒らしをして捕獲駆除され、残った母群(A_1群)は90頭に減少した。そのA_1群が今度は90年にマナスル群を、91年にメギ群を分裂させた。95年時点でA_1群は360頭、3群合計では383頭にまで膨れあがったことになる。分裂後、これら3群は時間帯を換えて同じ餌場を利用していた。

1962年から95年に至る33年間の年平均個体群増加率は1・11%、5才以上のオトナメスの年平均出産率は50%、アカンボの年平均初期死亡率は6・2%、平均初産年齢は5・6才であった。一般的な水準と比較すると、個体群増加率・出産率が高く、初期死亡率は低い。

結構多かった初期の餌量は1967年1日1頭あたり700Cal強であったが、その後27年間で1頭あたり約60%にまで減らしており、その結果として、①出産率の低下(52・4%から45・4%)、②アカンボの初期死亡率の上昇(4・9%から8・2%)、③初産年齢の上昇(79年の5・3才から95年の6・1才)が見られた。

餌量を減らす努力によって出産率の低下やアカンボの初期死亡率の増加は見られたが、高い個体群増加率は変わらなかった。餌付け群の餌付け中止によって出産率が激減し、アカンボの初期死亡率が激増することは宮崎県幸島や滋賀県霊仙山で実証されており、地獄谷野猿公苑での餌量の減少では個体群増加率の低下に効果を示すには至らなかったのである。

1980年代に入ってから分裂群による被害が温泉街や農家から報告されだし、餌の量だけでは解決に至らないと考えた野猿公苑は95年、ついに、増えすぎるサルへの別の対策をとった。避妊と間引きが決定されたのだ。こうして同年、メス90頭に避妊処置が、41頭にホルモン剤による一時的な避妊処置が施された。また、かなりの数のサルを捕獲して、実験動物として必要な研究機関に提供すると表明した。さらにその後、97年には77頭を捕獲して、中国に輸出した。

このような問題はもちろん、地獄谷だけのことではない。分裂群の処遇については、各地の野猿公苑でも同様の扱いが行われている。例えば、高崎山（1953年に高崎山自然動物園として開園）では餌付け当初は120頭だったが、90年には3群で2000頭を超えた。そのうちのA群（773頭）が2001年に園の敷地から出て畑荒らしを始めた。園内にいる時には天然記念物だが、その境界から外に出るとただのサルになり、害をすると駆除の対象になるのだ。全頭捕獲すべきだと思うが、この群れをどうするかについて高崎山は何ら手を打たなかった。しかも、高崎山自然動物園の管理者たる大分市教育委員会は社会的にその責任を問われなかった。あとで紹介するような野猿公苑はほとんどが、分裂群には知らん顔をして、いわば垂れ流しをしたし、現在もしているのである。

サルの数が増えれば、周囲の林にも打撃を与えることも明らかになっている。地獄谷では、餌場の周囲でよくサルが上り下りする木は木肌がつるつるになり、樹勢が衰えていった。サルはよく、餌場から少し離れた斜面で長時間休むのだが、そのようなところの特定の木は、枝が多量に折られて樹形が歪んでおり、ひどいのになると枯れているのもあった。そのような影響が横湯川下流の森林にどんな影響を与えていたかまでは定かでないが、高崎山では明らかになっている（横田・長岡、1998）。高崎山はアラカシ、タブノキなどが優先する照葉樹林からなるのだが、1990年代、枯れ木が目立つようになっていた。その要点をまとめると、①ムクノキとエノキの樹皮をサルが剥いで食べるので枯れるのが目立つ。②高木層の樹冠を形成しているクスノキの葉の付き方が悪く、樹冠に穴があいている。サルの採食による。③林内のアオキ、ヤブツバキの亜高木や低木の枝葉が繁茂して高木の成長にも影響している可能性ある。④サルの道上に優先種の実生が見当たらず、後継樹が育っていない。⑤生息域の表面土壌が踏み固められ、餌場付近の落枝量が著しく多く、樹木の活力低下が著しい。高崎山全体の森林の活力がサルによってかなりの程度に削がれ、種子が落ちて発芽、生長する天然更新が阻害されているのだ。

・野猿公苑で実験動物供給⁉

私自身は、増えすぎの問題を解決するには、餌付け中止しかないと考えている。間引いて数を一定にするのはごまかしでしかない。ところでこの間引きに関しては、ただ数を調整するというだけでなく、もうひとつの動きがあった。地獄谷野猿公苑も表明したが、群れから間引いたサルを実験動物として利用しようというのである。

１９５０年代、京都大学理学部の伊谷純一郎らは、サル調査の合間に屋久島で捕獲されたサルを実験動物として、東京大学の安東洪次らに送っていた。多数できた野猿公苑でサルが増えるならば、これを利用しない手はない。全国の野猿公苑などを活用し、安東らが１９５１年に発足させた実験動物研究会(現・日本実験動物学会)へ、実験動物としてニホンザルを継続的に供給するための組織を作る動きが始まった。

サル類の研究と保護のために１９５６年に設立された日本モンキーセンターの目的の一つに、実験動物としてのサル供給が明記されていた。野猿公苑を実験動物の供給源にしようと目論んでいたのは明白だ。日本モンキーセンター内には実験動物供給のための組織として、日本野猿愛護連盟事務局が置かれ、いくつかの野猿公苑からサルの供給が実際に行われた。しかし、この動きは広がらず、結局、日本野猿愛護連盟事務局は１９７０年に消滅して、野猿公苑の組織的な実験動物化の試みは行われなかった。

・命をどのように考えるか

地獄谷野猿公苑が増えたサルを実験動物として希望者に差し上げると言いだしたときに、すぐに反対の声を上げた人達の中に動物愛護団体があった。実験動物にするのは反対だが、野猿公苑でサルの数を減らすために行う避妊処置はよろしいというのだ。だが、避妊による個体数調節も、じわじわとした殺処分と言えるだろう。避妊や実験動物供給への考え方は、結局のところ、野生の命をどのように考えるかという生命倫理に関する問題になってくる。地球上に存在する単細胞生物、植物、動物はすべていろいろな生物群集の貴重な構成員である限り、尊重されるべき生物であり、この見方では生命に差はない。だが、人間が生存していくためには、他の生物の群集構成要素としての生存を尊重しつつ、資源として利用することも必要であることは否めない。例えば、新薬製造の過程で、ネズミなどの小動物による実験は当然のように行うが、最後の段階では人間に近いサルを使うのが一般的だ。日本は、このようなサルとして毎年数千頭のカニクイザルやアカゲザルを東南アジアから輸入している。もし最終段階でサルを使わないで新薬を市場に出せば、人間が新薬の効能や副作用の有無などを明らかにする実験動物になりかねない。生物中心主義的にあらゆる生物の存在を尊重はするが、一方で、人間が生きていくために、生物を資源として利用するという人間中心主義的な一面も私達にはあるということを、認めざるを得ないのである。

駆除・間引き、実験動物としての利用、避妊処置、いづれの場合にも自然の論理を軸にして、人間の都合をどのように調整するのかが問われているのである。

公苑のファンや動物愛護団体は賛成だった避妊処置については、しかし、研究者や動物保護団体には反対の声が大きかった。日本霊長類学会保護委員会は、避妊処置による個体数制限は慎重にすべきだとの意見だったし、繁殖生態の専門家は「野生動物の生殖機能に人為的操作を加えることは、望ましいことではない」とした。

時は下るが、１９９６年の同学会の自由集会では、アピールが採択された。

①野猿公苑のサルとはいえ野生のサルであるから、所有者でない公苑が勝手に処置をすべきではない。
②避妊技術は使い方によっては野生群を消滅できるのに、現行法にこの技術を規制する条文がない。それ故、現在この技術を使うに当たり、慎重に取り扱うべきである。

地獄谷野猿公苑が避妊処置のためのニホンザル捕獲の許可を環境省に申請した際には、同省は許可するに当たり、地域のニホンザルの管理計画を立て、その中に野猿公苑の個体群管理を位置づけることと、野猿公苑の今後の管理方針を明確に示すことを求めた。しかし、この二条件について地獄谷野猿公苑は何ら具体的な方策を示すことはなかった。餌付けを行いつつ個体数の増加を止めることなど不可能なのだから、具体的な方策など示せないのが当然と言えよう。

・分裂群の行く末

地獄谷野猿公苑のA群から分裂したA_2群は、その後どうなったのだろうか。

地獄谷野猿公苑の地元でサルの被害報告があり調査したところ、ふもとの温泉街を荒らし回るのは、どうやらA_2群のオス達だった。この中に餌付け群から抜け出してきたオスが混じっていることが確かめられていたからだ。店先に出してあるお菓子、野菜や果物を手当たり次第にさらってゆく、少し隙間でもあると戸をこじ開けて家の中に入り込み、食べ物をあさって部屋中を荒らしまわる。これとは別に、群れでリンゴ園や畑を荒らしているもの達もいた。

分裂群が下流側に下りて、畑荒らしをすれば、当然のように地元の人達は野猿公苑に批判の目を向ける。私は1981年に山ノ内町の野猿対策委員会の一委員になり、いろいろな検討に参加したことがあった。委員会は町役場の各担当者に加えて、被害農家、地元の自然保護研究家、サルの専門家、地獄谷野猿公苑のスタッフの1人からなり、自由な討論が行われた。

具体的な施策として、公苑の外でサルに出会っても餌を与えないよう周知すること、サル被害の聞き込みを行うこと、地元の温泉街に繰り返し出てくる個体については捕獲することなどが決められたのだが、このときにも、野猿公苑に対する不満や意見がかなり出された。すなわち、自分達はサルで儲けているのだから、そのサルの被害を受けているところに力を貸すべきだ、また、サルだけでなく動植物保護の自然環境保護条例を制定して動植物を全体的に保護管理するべきだ、さらに、その考えに沿って地獄谷野猿公苑の管理に関して何らか規制を行うべきだ、などである。

これに対して、野猿公苑側から次のような方針が出された。

①畑やリンゴ園に出てくるサルの追い上げを行って、協力する。
②餌付け群の管理についてはサルを間引いて、周囲への影響を減らす。
③野猿公苑の将来について各方面の意見を聞いて、尊重する。

①は当然であろう。②は小手先の問題解決にしかならない。③に関しては何も行われなかった。

結局、1980年代に、A2群は全頭駆除された。また、90年にA群から分裂したマナスル群、91年に分裂したメギ群はしばらくしてそれぞれ行方不明になったが、おそらくA2群と同じく、畑荒しなどをして駆除されたものと思われる。

・ニホンザルはだれのものか

ニホンザルは、鳥獣保護法で禁猟獣になっている。だが、餌付けを禁止する条文はない。だが、サルの保護管理をすることはしっかり条文に示されてり、その執行は環境省の担当である。これまでに示されたいろいろな問題点を検討する。

１９９６年の間引き問題の最中、野猿公苑の園長が野猿公苑で餌付けをすることは、地元の人達が志賀高原でスキー場開発をするのと同じように社会的に許されるものだ、と発言したことがあった。自分達の餌付けを正当化しようとしたのだが、あまり当を得た発言ではないように感じられる。サルは民法上無主物なので、国民共通の財産である。この段階では所有権は特定個人にはない。サルは人間を取り巻く貴重な自然の一部であり、宮本(1989)は「環境は人類の生存・生活の基礎条件であって、人類共同の財産である。現代社会では、環境は……公共の利益のために公共機関に信託され、維持管理されるべきものであって、公共信託財産である」としている。

また、鳥獣保護法でニホンザルは禁猟獣なので、捕獲は禁止されている。志賀高原の土地は和合会所属だが、土地の使用権は後段で述べるようにさまざまに制限されている。志賀高原のスキー観光事業はそれらの上に行われているのである。

では、餌付けはどうであろうか。餌付けに関して何の法律的制限もなく、禁止もされていない。また、野猿公苑はサルの所有者ではない。野生ザルの管理は、環境省が行っている。餌を与え増やし、その結果として害が生じても、それを駆除する権利も義務も野猿公苑にはない。

分裂群のサルの被害を受けた農家などは自助努力で防除策を試み、そのうえで行政に防除策を訴える。地獄谷野猿公苑の例であれば、地元行政の山ノ内町役場で、そこがサルの駆除を行うことになる。野猿公苑はこの流れを黙って見ている。これ以上無責任なことはない。

先にも述べたように、スノーモンキーがいる地獄谷野猿公苑は社会的に評価されている。だが、環境省からは、餌付け群の個体群管理について周辺の群れとの関係も含めて今後の見通しを立てるように要請されている。この要請は環境省から地獄谷野猿公苑に対する、餌付けで野放図に群れの個体数を増やすこと、分裂群を野放しにすること、増えた個体を無制限に間引くことといった、無責任な対応への批判でもある。

・方策はあるのか

野猿公苑が対策として行った避妊手術も、すでに述べたように、野生生物保護の観点からは許容しがたい。

1960年代に構想された、野猿公苑をネットワークで結んだサルの実験動物供給は実現しなかったが、97年になって国立大学動物実験施設協議会DCM(犬、猫、サル)小委員会がそのネットワーク構築に再び動いた。しかし、このあと詳しく紹介する日本モンキーセンターの研究部門の研究者の発言や日本霊長類学会保護委員会(1996)で知られるように、野猿公苑は広い意味での野外博物館であるべきと位置付けられており、それらに実験動物供給のネットワークをかぶせることは不可能である。

これらのことから考えて、やはり餌付けは中止すべきだ。だが、現実的に、地元経済を支えてき

志賀高原焼額山を分断するスキーコース。(写真：筆者)

たスキー観光がほとんどつぶれかかっているのが現状だ。この状況を打破するための改革に、残念ながらこれまであまり見るべきものはなかった。現在の志賀高原の土地の多くは社団法人和合会と共益会の所有だが、部分的には長野電鉄所有のところもあり、長野－湯田中の鉄道、湯田中から志賀高原までのバス、スキー場のリフト、ホテルなどを所有、経営する長野電鉄の力が大きい。それに、何といっても土地を持つ和合会が現地のスキー観光の多くの施設を運用しているのである。地元の山ノ内町役場にしても、町役場が率先してスキー観光の低落傾向に改革をもたらす方策を打ち出すことなどは行っていないようである。

ここで考えたいのが、地獄谷野猿公苑の博物館化である。

・地域を博物館に

各地の野猿公苑では、1958年ころから入苑客に咬みつくサルのトラブルが多発し、公苑内の悪臭、餌付け群による農作物被害などが多発した。このような公苑の魅力を削ぐような事件が影響し、また観光の多様化もあって入園客は急激に減少した。公苑の経営者は73％が地方自治体、電鉄、観光会社だったので赤字に悩まされた。サルが増えるので、餌代が増え、公苑内のもめ事やその他管理費の増加などで経営が圧迫されて、１９７２年ころから立て続けに各地の野猿公苑が閉苑に追い込まれていったのは先に述べたとおりだ(三戸、1995)。

野猿公苑ブームと餌付けによる個体群増加の問題が表面化し、実験動物供給が模索されていた当時、日本モンキーセンターにいた水原洋城、伊沢紘生、三戸幸久の皆さんは、サルの実験動物供給は、別に供給用の繁殖施設をつくるべきであり、野猿公苑は、調査・研究や収集、保存、展示、そして教育といった博物館機能を備えた組織にすべきである、それが野猿公苑の生きる道だと主張した(水原、1970、1978; 伊沢、1970)。また、水原(1971)は、「姿を見せないサルや見えないサルを教材とする」と先見的な指摘をした。私も大賛成である。

１９６６年に高崎山を訪れたアメリカの霊長類学者であるペンシルバニア大学教授、Ｃ・Ｒ・カーペンター氏は、高崎山自然動物園の博物館活動を提案した。

①高崎山は世界の財産である。
②ここは社会教育の場であり、公開されるべきである。
③ここの維持・管理は管理当局、市民、研究者の三者からなる委員会の諮問に基づいてなされるべきである。

しかし、高崎山自然動物園の管理者である大分市教育委員会は、入苑客に何が何でもサルを見てもらうことを目的に餌を与え続け、彼らの忠告を受け入れることはなかったのだ。

・白山ジライ谷野猿公苑の試み

1972年に全国で最大35苑、累計で41苑にもなった野猿公苑は、各地で経営難や猿害対策などを理由に閉鎖され、そのうち6苑は全体を囲い、サファリパーク化した。2015年現在、千葉県高宕山、長野県地獄谷、京都府岩田山(嵐山)、淡路島、香川県銚子渓、大分県高崎山の6苑が開かれているだけである。閉苑した中で唯一、餌付けの中止に加え、餌付け群を野生に戻す試みをしたのは、1995年に閉鎖した白山ジライ谷野猿公苑であった。

白山ジライ谷野猿公苑は、石川県白山西側にいたニホンザルの1群を地元の吉野谷村が観光事業の一環として1967年に餌付けしたのが始まりだ。この野猿公苑は国立公園内にあり、原生林に近い落葉広葉樹林の中にあった。72年までは吉野谷村が管理していたが、73年に設立された白山自然保護センターが、この年から共同経営者になった。餌付け当初この群れは46頭だったが、92年には101頭にまで増加し、村の畑荒らしが始まり、スーパー林道や地元の温泉街で観光客から餌を与えられ、売店荒らしもするようになった。さらに、野生群でも広域に猿害が拡大して、92年に石川県と吉野谷村、また、吉野村と白山自然保護センター、地元の温泉旅館組合が餌付けの見直しを協議し、94年に中止を決めた。そして、1995年に餌付けをやめて、群れを野生に返す努力を開始した。餌を与えないことと同時に餌場に1人を配置して、サルの追い上げを行い、周辺では観光客に自然に関するガイドを行う。こうして、餌付け群の野生化が成功した。

この成功にはいくつかの条件があったと思われる。元々、餌付けは観光シーズンだけ行われ、冬には餌付けは中止されていたので、個体数増加が比較的少なく、野生に戻す際にもそれほど人手を必要としなかったこと、地元での餌付け中止の話し合いが無理なく行われたこと、周囲には森林が豊富に残されていたことである。このように、自然、社会といった条件が整っていたとはいえ、餌付け群の野生復帰を成功させた努力は評価に値する。

・地獄谷野猿公苑の博物館化は可能か

地獄谷野猿公苑は現在、株式会社だ。しかし、だからといって、博物館に変わることができないわけではない。親会社である長野電鉄がそれを認めれば、可能であろう。また、長野電鉄や関係する組織、土地の所有者である和合会や共益会、そして地元の山ノ内町役場や旅館組合などが応分の出資をして「財団法人志賀高原自然史博物館」を設立し、その中心部分の一つに地獄谷野猿公苑を含めることは可能だと、私は考える。

一般的に自然史博物館の主要な目的は自然に関する研究・調査と保護・保全・普及である。この博物館の具体的な目的は、いくつもの関係諸団体に対して、自然回復への青写真を提示して同意を求め、具体的方策を立て、実行に移すことであろう。

野猿公苑関係の活動を考えてみる。①餌付けの段階的な中止を5－10年かけて行うことが、第一の大仕事であろう。その間絶えず群れの動きに注意して、里に降りないように注意することである。②一般人向けのガイド――冬の群れ、スノーモンキーの魅力を伝える、露天風呂に入るサル、夜寝るときのサルだんご、3月の陽光の中を行く群れの移動、春先の新芽をサルと一緒に食べる、など多数ある。③学校教育の中での自然に関するガイド――見やすい群れで、生物学の基本になることをやさしく、面白く、紹介する。④サルの生息環境としての森林の回復――大きな課題は、焼額山のスキーコースを規模縮小して、群れが横湯川と雑魚川の行き来を可能にさせることである。その外の森林回復も一般的には大切な課題である。⑤野生動物のガイド――志賀高原には中・大型哺乳類ではカモシカやツキノワグマがおり、個体数も増加傾向にあるので、比較的楽にカモシカを見つけることが出来る。それゆえ、ガイドする対象動物に選ぶことができるだろう。あと、タヌキやウサギを日中に見かけることはあるが、容易ではないので、冬には彼らの雪上の足跡を利用することになるだろう。

これらの活動を野猿公苑の関係者だけでこなすことはほとんど不可能である。日頃から自然史に興味を持つ地元の大学の学生・大学院生、自然保護に興味を持つ一般人に対して、サルやその他の野生動物に関する教育をしておくことが必要である。また、この博物館に来られた、あるいは自然保護などに興味を持っているＮＰＯや大学関係者のネットワークを作っておくことが重要である。

そして、先に述べた活動をする際に広くボランティアを募集してそのような人達と共同作業をするのである。

このような活動を通して、志賀高原の観光を自然教育と結びつけ、息長く続けることが、地元の人達の生活とも結びつく活動になると思われる。

このような動きはすでに始まっている。1980年代に、東京の奥多摩で井口基さんが一般向けに野生群でモンキーウォッチングを成功させ、90年代まで続けている(井口、1982)。また、下北半島、金華山、奥多摩、白山、屋久島などでは、限定的ではあるが、積極的に一般人の調査参加を呼び掛けている。私が霊長研にいた70–80年代に志賀高原で調査をする際にいろんな人に呼び掛けると、多くの人達が参加してくれて盛り上がったことを経験している。これらのことは、あまり肩ひじ張らずに始めると、多くの人達が参加してくれることを物語っているように感じられる。また、先に紹介した白山ジライ谷野猿公苑の群れを自然に戻す活動は、立派な博物館活動でもあったと思うのである。

このような活動に支えられた博物館活動は、これまでにない新たな道筋を示して動き出すことを可能にしているのではないかと思われる。

第五章　リンゴ園荒らしをするサル――スノーモンキーと人の暮らし

1　志賀高原から白神山地へ

1962年に志賀高原で始めたブナ帯でのサル調査は、それなりに軌道に乗って結果も出始めた。そうなると欲が出て、志賀高原のように破壊されすぎたブナ帯では本来のサルの生態的特徴をつかめないのではないかと少々飽き足らなくなってきた。原始とまではいかなくても、ある程度の規模のブナ林が残っているところはないかと探し、見つけた。白神山地だ。

青森県と秋田県にまたがる白神山地には、1971年4－5月にかけて約1ヵ月間、北海道大学の仲間6人と調査に入った。青森県側の西目屋村から岩木川の源流をさかのぼり、峠を越えて赤石川の源流部へ入り込んだ。岩木川の源流部と赤石川でサルの食み跡を見つけたが、群れを見つけることは出来なかった。しかし、地元のマタギである工藤光治さんから詳細なサル情報を教えてもらい、サル5群の分布を推定した。

青森県中津軽郡西目屋村は、面積の90％近くを国有林が占めている(図9・次頁)。当時、白神山

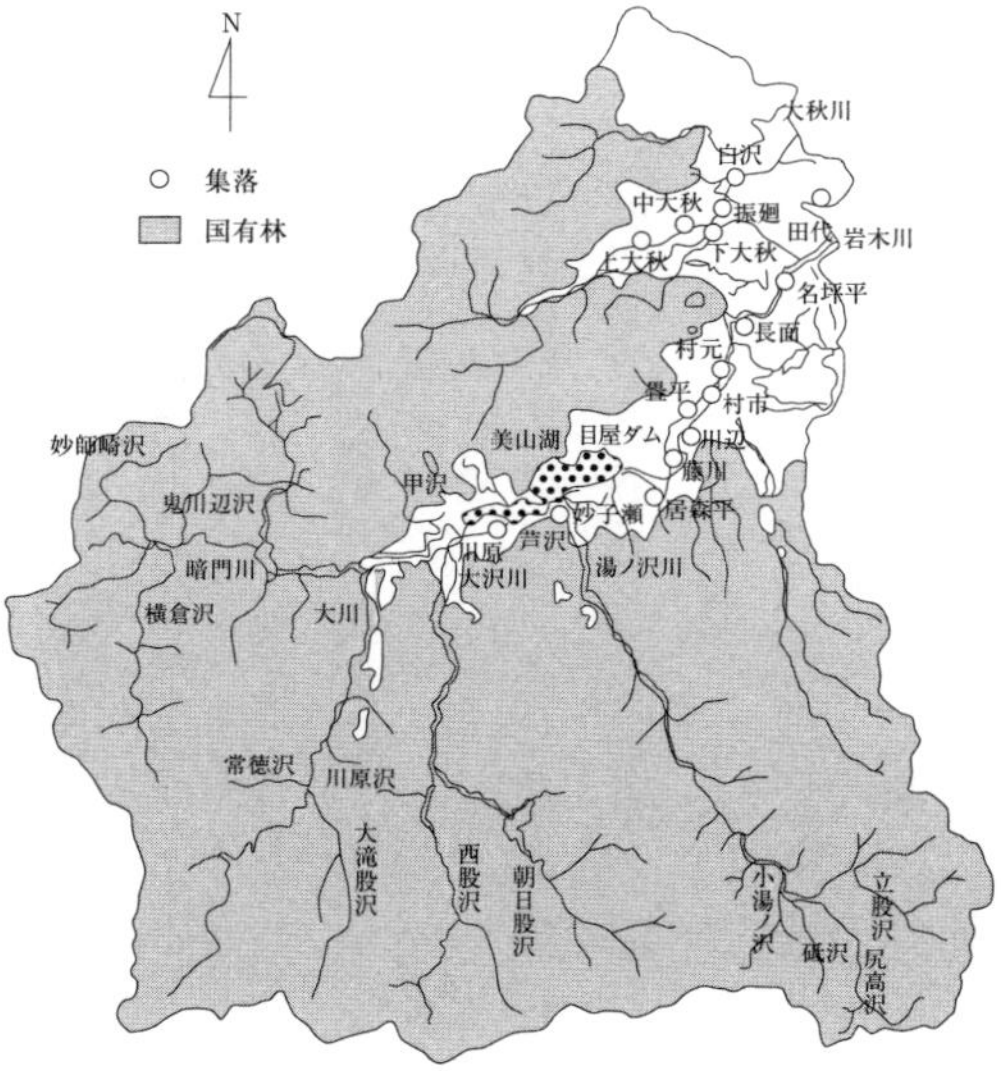

図９　青森県西目屋村の集落分布

地の山麓の西目屋村では猿害の発生に関しての声は聞かなかったし、人里で群れを見ることはなかった。１９７０年代というのは、全国の国有林で大面積皆伐・針葉樹一斉造林が行われた時期だ。私達が西目屋村に入ったころからすでに大面積皆伐が始まっていた。

通常、森林の伐採には大まかに2通りの方法がある。森林の中から選ばれた木を伐っていく、いわば間引きのような「択抜」と、その区画の木々をすべて伐ってしまう「皆伐」だ。「大面積皆伐・針葉樹一斉造林」とは読んで字の如く、広い面積の森林の木をすべて伐り倒し、跡地に一斉にスギなどの針葉樹を植林することだ。スギは大きくなれば材木として利用できる。

皆伐をした当初は、陽の当たる地面にはびっしりと密に、１６０cmほどの私の背丈に至る高さほどの灌木が生える。これらが豊富に種子や果実をつけて、サルの餌は豊富になる。だが、植林後10－15年過ぎてスギが大きくなりだすと、遮られた日光は地面まで届かなくなり、林床の灌木が疎らになる。こうなると、サルはもう少し餌がある地域を探して遊動域を移す。あげくの果てが、人里近くに出てきて猿害を起こすようになるのだ。

2　猿害に対する駆除の効果

西目屋村の猿害は、聞き込みや村の統計などから見て1980年代後半に始まり、1990年代後半には激化していた。ブナ帯のサルの生態調査を目的に張り切っていた私達は、目前に突きつけられた猿害解決の課題から逃げるわけにはゆかなくなった。

国の施策として行われた「大面積伐採・針葉樹一斉造林」によって、サルによる農作物への被害が激増した。これに対し日本中で、猿害解決のためと称してサルの駆除が行われている。環境省や地方自治体は2016年現在、全国で年間2万頭を超えるサルを駆除している。悪さをするサルを全部駆除すれば猿害はなくなるだろうと考えるかもしれない。たとえば西目屋村のある青森県と並んで、リンゴ生産地として有名な長野県では、猿害がリンゴに集中しており、年間2000頭を檻で捕獲したり、鉄砲で撃ち殺したりして駆除している。

しかし、サルを駆除したら被害が減ったという報告は聞いたことがない。

駆除するとなれば、そのために相当の時間と費用が費やされねばならない。にも関わらず、駆除は被害の軽減につながっていないとなれば、だらだらとサルの駆除を続けても意味は無いことは明白だ。

そもそも、その地域にはどれくらいのサルがいるのか、畑に出て来るのは群れの特定の個体か全員か、どのようなサルが農作物を荒らしているのかよくわかっていない。畑に出てこないサルを駆除しても効果が少ないのは当然だ。さらに駆除の対象とされた群れで生き残ったサル達がその後どうなったかの追跡調査もない。仮に群れ全部を駆除すればしばらくはサルは出て来ないかもしれないが、新たな群れがやってきて又元の状態に戻ってしまうだろう。

3 サルと人の攻防 —— 猿害対策あれこれ

西目屋村の周辺域にはニホンザルの群れが隣接して分布している。駆除によって1群がそっくりいなくなって空白域が出来れば、そこに隣接する群れが入り込んでくることは明らかだ。つまり、西目屋村での猿害をなくすためには、周辺の群れ全部を獲り尽くす必要があるということだ。しかし、このようなことは現実的に可能だとは思えない。となると駆除は、サルを撃ち殺した瞬間には効果を発揮したように感じられたとしても、決して有効な方法ではないのである。

全国的に1960年代からサル駆除を始め、1980年代には年間6000頭を駆除してきたが、2000年代になると、1万頭を超えた。そのころから駆除に頼らない被害防止策を模索する方向に方針を切り替える動きが出つつある。とられている手法はさまざまあり、さらに行政指導型や被害農家主導型などといった違いもある。

どのような対策がとられているか、紹介した。

・電柵

説明するまでもないかもしれないが、電柵（電気柵）とは、それに触れた動物が電気ショックを受けるよう電流を流してある針金を組み込んだ柵のことである。といっても、形や規模はいろいろだ。金網に組み込まれた針金に電気が流れるもの、張られた金網の上部に電流が通った針金数本を渡してあるものなどさまざまである。冬2－3ｍの積雪がある西目屋村では金網に電流が流れる針金を設置しても雪に埋もれるため、冬の猿害を防止する目的もあり、上部固定式の後者を採用している。この村では村主導でやっているので、豪雪に耐える本格的な電柵が中心である。動物園は動物が檻の中にはいるのだが、西目屋村では人間が檻（電柵）の中に入る逆の発想になっている（図10・次頁）。

きちんと設置されていれば6000－8000ボルトの電流が流れるこの柵は被害防止策として大変有効である。これに触れたサルは「ギャ」といって数ｍ跳ね飛ばされるほどの衝撃をあたえることが知られている。

西目屋村で1996年に設置が始まった電柵は、2002年で全村に約20㎞にわたって張り巡らされ、1997年に1000万円を超えたサルによる作物の総被害額は2002年まで減少傾向を保った。電柵がしっかりサルの侵入を防いだ結果であるとすぐにはいえないまでも、電柵に一定

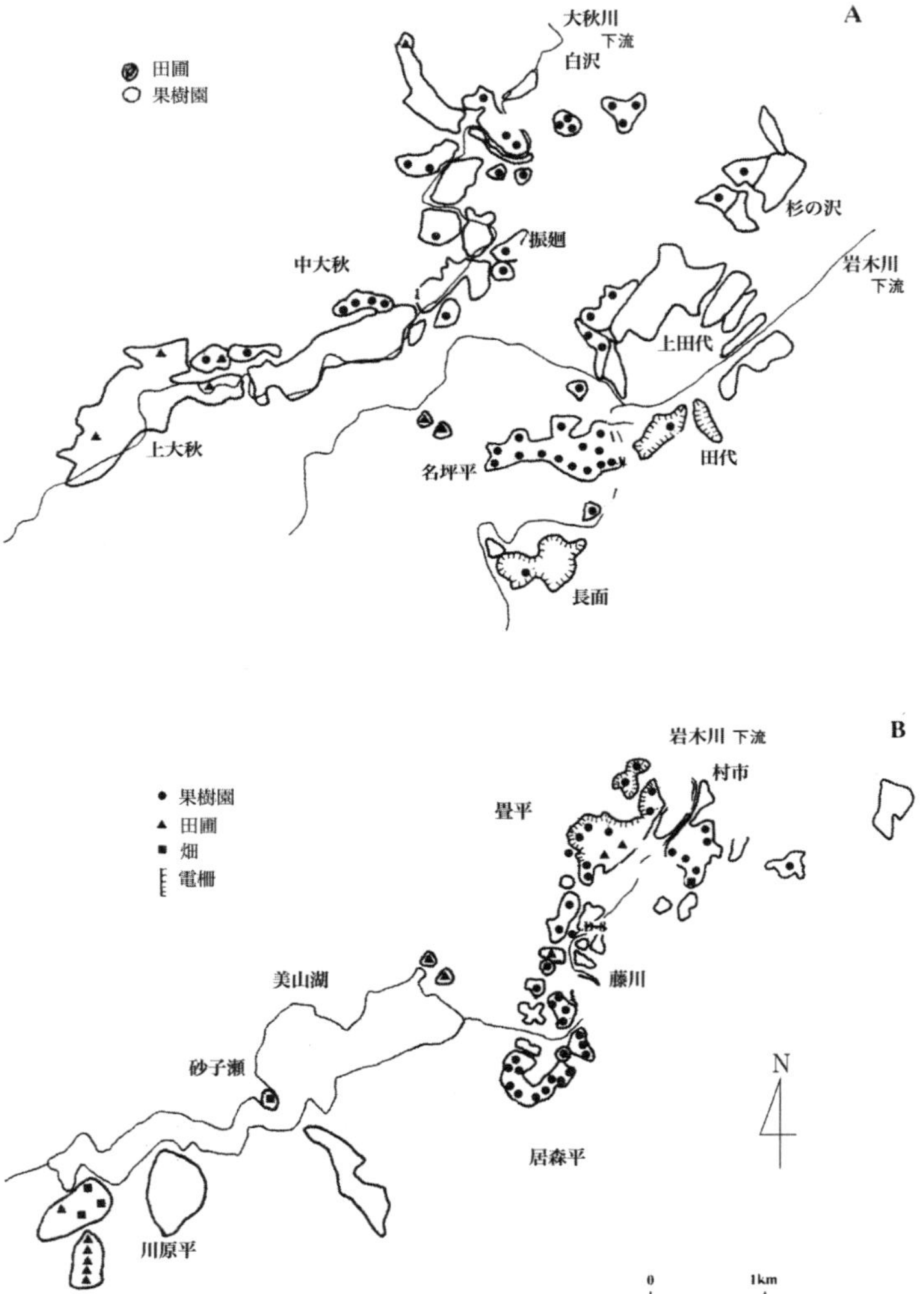

図10　西目屋村のリンゴ園他と電柵の分布（和田・今井、2002を改変）

の効果があることは推測できる。電柵はただ設置すればよいというわけではなく、初期のころ、林縁にぺたりとくっつけられたり、林内に設置されたりしている電柵に、これが猿害防止のためかと唖然とさせられたものだ。なぜそのような張り方をしたのか、その背景には、敷地の外縁ぎりぎりに張り巡らすことで、電柵に場所をとられることなく土地をめいっぱい利用したいという思いがあったのだろう。それでも張った直後にサルの侵入は目立って減少した。サルが警戒して入らなかったのである。

保守点検のため電柵を見廻る。（写真：筆者）

　では、電柵が最大限の効果を発揮する設置の仕方はというと、林から5－6m以上離れて設置すること、接地面に隙間ができないようにしっかり固定すること、つるや雑草がからまらない状態を保つことが大事だ。林に近すぎると枝から電柵を飛び越えてしまうし、電柵に絡まる雑草やつる除去をしないと漏電して電柵の役割を果たさない。

　雑草やつるの除去はついおろそかになりがちだ。しだいに手抜きする個所が増えて、群れの侵入が増したのである。雪の吹き溜まりや水の凍結による電線碍子《がいし》の破損などで冬期のリンゴの樹皮・果台(果実の軸となる部分)食いが十分に防げないなど部分的に弱点をさらけ出した。

だが、全体的にはサルの学習能力のおかげもあって、電柵はかなりの効果を保っていた。電柵に触れるとビリビリと電流が流れることを学んだサルは、その後も警戒して容易に近づかなくなるのだ。この学習効果がどれほどの期間保たれるのか。学習効果が消え、あらためて電柵に近づいてきたサルがこれは役に立たないと気づいてしまったら、電柵の効果は無くなる。電柵の効果を持続させるためには電流が正常に流れるように常にメンテナンスしておくことが肝心なのである。ただし、正しく設置し、メンテナンスも怠らず、電柵が猿害に対する効果を最大限発揮したとしても、産業としてのリンゴ生産はけして安泰ではない。

1996年、西目屋村のある集落に1200m、約1500万円弱の予算で電柵が設置され、6–7戸のリンゴ農家が猿害から守られた。2002年に行ってみると、そこで耕作しているのは1戸のみ、それもリンゴ栽培を放棄した農家から園地を借りた農家だけであった。放棄の理由は高齢による体力低下や病気のほか、収益が見込めないといった理由だった。このような状況下で若者を引き付けることもできず、後継者もいなかった。2002年までに約20kmもの電柵を張り巡らした行政も、これでやれやれというわけにはいかないのである(和田、2002)。

さらに、国・県・村で補助するというのに電柵設置を希望しない農家がある。西目屋村では1988年に津軽ダムが事業着手されたのだが(2016年竣工)、林に埋もれているリンゴ園の園主は、ダム用道路に園地の3分の1を売却するのを機会に残りのリンゴの木を全部切ってしまうという。彼は70才代で、後継者もいない。労が多いわりにたいした収益も上がらないリンゴ園を経営する意欲はどこからも出てこないのである。また、あるリンゴ園はかなりな傾斜を持つので、電柵を張るのは60才代の彼の体力をもってしても容易なことではないし、まして冬に園地までカンジキを履いて雪をこいで行くのは至難の業であるという理由で電柵設置をしなかった。

電柵の費用負担は公共事業として行政がまかなっていても、実際の利用者の方でことが進まない。電柵を張る張らないだけでなく、全村がほとんど金網の中に囲まれてしまうほど張り巡らしたとしても園地の放棄によって部分的には稼働しなくなる。こうなると、そこに生じた隙からサルが侵入するようになる。猿害防止の切り札として電柵設置を行政が考え、推進しようとしてもいろんな場所でブレーキがかかるのだ。

なぜそのようになるのかはここまで述べてきたことから明らかである。電柵を張ろうにも体力がない、張っても耕作を維持できる可能性が、たとえば後継者がいないことなどにより低い、けれど若者を引き付けるだけの経済的収益を上げる可能性を現状では見出せない、と堂々巡りになっている。これは猿害防止策の工夫では解決できない問題なのだ。猿害に対する直接的な現実的な対策をとりつつ、すでに述べたような農業政策上の、あるいはもっと別の産業振興策をとることが求められているのである。

・サルを驚かす

西目屋村を歩いていると、突然ドンという低い音と、パン・パンという甲高い音が聞こえてくることがあった。いずれもサル撃退用に使われているものが発する音で、「ドン」は爆音機、「パン・パン」は花火である。爆音機のほうは、サルが園地に出ようが出まいが無関係に定期的になり続けている。近くで発せられると心臓にもずしりと響くような、かなりの音量である。サル撃退にはあまり効果がないと使う農家はさほど多くないが、中にはこれを使って猿害が激減したと信頼を寄せる人もいる。花火はサルが園地に入りこんだとき、サルに向けるロケット用で、30mくらいは飛び、サルの声が聞こえただけで、それに向けて発射する人もいる。

古くなった漁網やキュウリ用のネットを園地の周囲に張り巡らし、中にはネットの上部に太陽電池を使って電気を流す凝った防除網を作っているところもあった。このごろは「猿落君《えんらくくん》」という電柵が少しづつ普及し始めているが、これは奈良県の農業技術者であった井上雅央さんが作ったもので、網を張る柱の上部先端をしなる素材にするのが特徴である。サルが網を伝って登ろうとすると、体重で外側にたわんでしまい、なかなかそれを越えて中に入れないのがいいところだ。

犬を有効に使っている人達もいた。園地の中に犬をつないで、吠えると人が行ってサルを追う。園地の外縁にワイヤーを張り、それに犬をつなぐ人もいた。犬はワイヤーの長さだけサルを追うことができるので、最も積極的にサルの侵入を防ぐ方法である。

七面鳥を園地の外縁に飼ってサルの侵入を防ぐ人もいた。例えば園地の外縁に二重に網を張り、その中に七面鳥を入れる。サルが近づくと、ギャギャとすさまじい鳴き声を発して撃退する。ただし、雪には無防備なので、冬は舎に入れねばならず使えない。

いささか気持ち悪いのもあった。本物の人間かと見紛うようなマネキンをいくつも園地の中に据えてあるのだ。首だけを園地に突き刺してあるのもあった。これで、サルは入らなくなったと園地の人はいったが、サルより人が気持ち悪がって近づかないのではないだろうか。

最も原始的で、体力も時間もかけなければならないが、確実に効果のあるのは人による見張りである。収穫期が近づいたリンゴ園では、園地に簡単な小屋がけをして侵入するサルの番をする。サルは人と同じで暗くなると木の上で寝るので、張り番は夜には帰って寝ることができる。

その他にも、サルは焚火の煙を嫌うというので収穫期のリンゴの木の下で煙を絶やさない、サルが嫌う匂いを布に染み込ませて木につるす、べたべたする液体を張りつけた紙をリンゴの樹幹に巻きつけるなど、いろいろ試みられていた。どれも1つで絶対的に猿害を防ぐものではないのだが、行政に頼らずに、被害農家独自の努力が大切であることは確かである。

・猿害防除策は組み合わせがよい

猿害防止策にこれだという唯一のものはない。必然的にいろんな方法の組み合わせが試みられるわけである。犬が有効だといっても生き物を飼うのが嫌いな人もいるし、網を張るのは人が檻に入るようで嫌だと感じる人もいる。人さまざまだ。

見張りはあちこちで実行されていた。猿害は早稲のツガル収穫期の前後が特に大きいので、その時期に見張りを強化していた。そして、見張りでがんばる人達はそれ以外の防除策を合わせて取り入れる努力もしていた。犬を見張りと同時に使う人が多かった。一日中見張っているのだから、生き物が近くにいるのは退屈しのぎにもなるし、心の安らぎをも与えてくれるのだ。犬を園地の中につないで犬が吠えると人が行って確かめ、サルだと追い払う。犬をサル追い用に訓練して、サルが近づいたら離して追いかけさせる。いろんな使い方が見られた。先の長いワイヤーに犬をつなぐ方法は長野県で行われていた。リンゴ園の縁に沿ってワイヤーを10－20ｍも張り、これに5－6頭の犬をつないでいた。犬は生き物なので、毎日餌を与えねばならないし、健康状態も注意する必要がある。時にはワイヤーからはずして広い小屋の中で飼育してやる心遣いも必要であるが、これだけでかなり猿の侵入を防ぐことができる。

見張りと同時に定期的にロケット花火を飛ばしている人もいた。

爆音機を使っている人で組み合わせを試す人はほとんどいなかった。これは生き物ではないので使い方にあまり注意を向ける必要がないから手軽ではある。爆音機はよく効くという話を聞く一方で、爆音の間隔が一定だとサルはすぐ慣れてしまって効果はなくなるとか、音量を思い切って大きくしないとだめだとか、いろいろな説もあちこちで聞いた。効果判定がまだしっかり行われていない状況だった。

思いきった方法も行われていた、林縁部のリンゴがひどくサルに食われるのに業を煮やして、林に沿ってリンゴの木を切ってしまったうえ、そこに10－15mの空き地を作って漁網を張り巡らしたのだ。これで被害は無くなったという。その人はかなりの高齢で体力的にかなり大変な作業だったと思うが、結果的には一つの有力な被害防止策を作り出したと思われる。
まだまだいろんな被害防止策がこれからも開発されて行くことだろう。

西目屋村のサル追い上げ事業。（写真：筆者）

4　西目屋村アニマルパトロール——農家の暮らしを知る

２００１年当時東京農工大学教授だった丸山直樹氏と私は、サルの追い上げ事業としての「西目屋村アニマルパトロール（ＮＡＰ）」を村に提案した。それを受けて、西目屋村は２００２年に農作物のニホンザル被害を防止するために、全国的にボランティアを募り、サルの「追い上げ事業」を始めた。

ＮＡＰの活動目標はサルの農作物被害を減らすことだけでなく、農家の畑仕事を少しでも手伝い、農業の実情を知ってもらうことだった。この村がサル被害を減らすために全面的に電柵の導入を行い、サル駆除を最小限に押さえていたのはここまで見てきたとおりだ。すでにこの時点で、西目屋村は被害防止の理念として、一方的な駆除ではなく、「サルとの共存」を採用していたことになる。西目屋村のこのような方針は当時、全国的に見て大変数少ない、貴重な試みであった。同村の試みを手伝うために設けたNAP組織委員会はボランティアの人達と動き出した。

・NAPニュース

２００２年８月20日にNAPは発足し、次々とボランティアの人達が参加してくるようになった。しかし、私達の活動が農家の役に立っているのか、現実に即しているのか、常に考えて調整していく必要がある。そこで、まずはいろいろな情報を多くの人達の協力の下に集めることにした。また、活動開始後しばらくして、『NAPニュース』を週刊で発行することにした。ここに書かれていたことからNAPがどのようなことをしていたか、当時の西目屋村の農家の置かれた状況などを読み取ることができるので、いくつか内容を拾い出すかたちで紹介したい。

NAPの宣伝

今、私達は車体にNAPと書かれたカンバンを貼り付け、黄色の帽子をかぶり、村中を走り回っている。リンゴ園や畑で作業をしている人に「サルは出てきませんでしたか」などと聞いて、周囲の林でサルの姿を見ると花火で追い払う作業をしている。またサルの１群（藤川群）に発信機をつけており、それを受信機で拾って群れの居場所を確認している。うまくゆくと農家の方々に「そろそろ群れが近づいてくるから注意してください」と予報を出すことも行っており、このようにＮＡＰはリンゴ園や畑に出てきたサルを山に追い戻す仕事をしている。ボランティア達は農家の仕事の手伝いをしたいと考えているので、「お気軽に私達に声をかけてください」と農家の人達に宣伝しているわけだ。

猿害はどこに出ているか

これまでに村、県、国の補助で相当数の電柵が被害のあったリンゴ園の周囲に設置されたので、猿害は、以前のように激しいものは少なくなった。だが、電柵を自力で張ることが出来なかったお年寄りのところとか、なんらかの理由で張らなかったところが集中的に被害を受けており、居森平、川辺、村市、上田代、白沢などにみることができる。

サルはリンゴ園ではリンゴを食べるのはもちろん、木をゆすってリンゴを落とすだけの悪さをして逃げてゆく。畑ではトウモロコシ、大豆、カボチャ、西瓜などが大好きで、あとネギ、大根など手当たり次第に食い散らす。しかしナス、キュウリ、トマト、キャベツなどには手を出していない。抜け目のない、したたかな獣だ。

いったい西目屋村にサルは何頭いるのか

「いったい西目屋村にサルは何頭いるのか?」今、この問いに誰も答えることはできないが、いくつかわかっていることはある。村市付近から川原平上流の大川にかけて藤川群と称する１

群がいる。この群れを数えて最も多かったのは44頭。藤川群のメス1頭に発信機をつけてあるので、その電波を捕まえて毎日の動きを知ることができる。長面《ながおもて》から杉ヶ沢、大秋から白沢にはいくつ群れがいるのかは分からないが、ひと群れ以上いることは確かなので、この付近の群れにも発信機をつけたいと計画している。

野菜・果物の屑や生ごみを捨てるのは止めよう

NAPの被害・目撃情報では岩木川沿いのガケに西瓜の食べ残しとトウモロコシの残りがその茎などといっしょに捨ててあった。サルはこれを食べに近づき、近くの畑やリンゴ園を荒らす。また、小さな沢の中に、落ちたリンゴや傷のあるリンゴ、小さなジャガイモ、雑多な生ごみが捨ててあり、サル達はこれを食べにしつこく近づいて来る。そして近くの畑に侵入した。どちらの場合も人が捨てたもので餌付け状態になっており、これは野猿公苑のサルと同じ状況にあることを意味する。そしてなによりもその近くの畑やリンゴ園にサルを引き付けているわけで、その持ち主にとっては大いに迷惑である。このサルの餌付け状態を止めることが緊急に必要であることは誰でも理解できることである。これら生ごみはサルの手の届かないところに置く、たとえば畑に穴を掘って埋めることが最も簡単な解決法だ。

サルを驚かせて山に追い返すために花火を放っても、サル達は花火の届かない林の中で、私達が立ち去るのを待って動かないことがある。これですぐサルが出てきて畑荒らしをするのは

放置されていた屑リンゴ。サルを餌付けしている。（写真：筆者）

明らかで、防ぐ手立てとしては心もとないことおびただしい、との感はぬぐえない。農家の人達も「花火で追い上げるのは役に立たないね、人がいなくなったらすぐ出てくるよ、根本的な解決にはならないよ」と言われることが多い。全くそのとおりで、実際私達もこれが根本的な解決になるとは考えていない。

そうだとしたら、サルの追い上げは何のためにするのか。私達はサルが被害を出すから一方的に抹殺してしまおうとは考えておらず、現在ある林の中でサルが生活してほしいと考えている。すぐには効果を上げられなくても気長に追い上げを続ければ、群れは次第に畑に出て来なくなるだろうと期待している。

１９９６－98年は国・県・村の丸抱えによって、１９９８－２０００年は村独自（電柵設置は各自行う）で行われた。電柵はサルが畑や園に入り込むのを防ぐ手段としては大変優れている。今農家の人達は自分で電柵を張らねばならない。年配の人達だけでは手に余ることがあり、張るのをあきらめている人達もいる。また、張ったとしても数年でリンゴ栽培を止めざるを得ないお年寄りは電柵張りを遠慮している気配もある。張っても冬の電柵の手当てが深雪のために困難なので、遠慮する人達もいる。このように電柵張りに対してつつましい考え方で対応される人達が多いのも確かである。

このような状況だと、電柵で進入を防いだところから電柵のないところにサル達が集まるのは当然なことである。そのようなサルの集中砲火をあびる場所に注目してサルの追い上げをするのが私達のねらいの一つである。しつこく、林縁までの追い上げをしていたら、サル達も次第に園地には出てこなくなるだろうとの予測をしたのだ。

さらに活動開始から1ヵ月もすると、農家の人達と話ができる仲間のような関係になりだした。その中で聞いた被害農家の方々の素直な感想を紹介しよう。

サルはサクランボが好き

ある被害農家の方いわく、「サルの害を知らせてくださって、ありがとう。ひどく荒らされるのは知っています。」「なにか、例えば網を張るとかした方がいいのではありませんか。」「私は勤めているので忙しくて、なにも出来ないんです。とうちゃんに畑を止めるように話したんですけど、言うことを聞かないんですよ。荒らされてもしかたないです。」　2002年、6月のある日、藤川を見回っていると山際のサクラの木にサルがすずなりになって、実ったサクランボを食べていたし、木の下にあるジャガイモは引っこ抜いて食べていた。この畑のとなりはリンゴ園だったが、電柵が張り巡らされていたのでサルの害を防げていた。畑に植えられた作物はサルにとって魅力的なものばかりで、サルに荒らされ放題ではまるでサルを餌付けして引き寄せているようなものである。ちょっとした網をかぶせるとか簡単なことでいいので、なんらかの対策をしてほしいと感じた。

トウモロコシを攻撃

道路を隔てた自家用畑に侵入してトウモロコシをやられたという農家があり、被害の直後に見廻りにいった。おばあさんが言う。「今日もやられた。一日中見ているわけにもいかないし、全く憎らしいサル達だよ。」「たしかに憎らしいけど、やられないようにトウモロコシを家の近くに植えたり、工夫してみてはどうですか」と控えめに言ってみると、「そんなことはとっくの昔にやってみたよ。やつらはいろんな隙間を見つけては入り込んでくるし、全く憎らしい」とのこと。「トウモロコシとかやられる作物に網をかぶせたり、工夫してみてはどうですか。」「網といっても買わないとだめだろう。そんな所に金を払いたくないんだよ。」「……。」

夏に帰ってくる孫達に食べさせたいと丹精込めて作っていたのに大部分を食い散らされるのはたまったものではないのは理解できる。しかし、網といっても自家用の畑を取り囲む程度ではどれほどのこともない。このつぶやきの根底にはここはおれ達の住み家なのだ、それなのに費用を掛けてまで被害を防ぐのは道理に叶っていないぞとの想いが込められているようだ。

サルを駆除せよ

最近、サルを駆除せよとの声が上がったところがあり、様子を聞きに立ち寄った。「今年から急にサルが畑を襲うようになりました。なぜだか分かりませんが、ひどいです。駆除するよりほかないと考えました。今年、近くのリンゴ園は猿害が激しいので電柵を張り巡らしました。それも影響しているのでしょうかね。私のところは電柵も手製のもので畑を囲いました。太陽電池を使って電流も流しました。今のところサルは入って来ません。」ここでは大変積極的に防除策を考え、自家製の電柵を設置しているのだからすばらしい。サルの駆除申請を出したのは行政の注意を引きつけるための手段だったのかもしれない。この様な動きをした人は中年の思慮に富んだ人であった。

電柵はすばらしい

長面集落の電柵で囲まれた農家を訪ねた。以前はいつ行っても被害の話でもちきりだったのだが、こんどはにこにこ顔で迎えてくれた。「今年電柵を張りました。いままでにサルは入って来ません。電柵は効果ありますね。」こんな話を聞くとわれながら一安心だ。しかし、これからが大変だ。電気を通しておくために線に絡まる雑草やつるをたえず切り払わねばならないし、クマが金網を破いていないか見張らねばならない。継続的な電柵の維持管理が必要なのだ。

電柵は張りません

村市集落で林の中に孤立したリンゴ園を訪ねたが、電柵は張っていない。近くでよくサルの群れを見るところだ。「私のところは電柵を張りません。電柵を設置する人手もありませんし、もう年ですからいつ止めることになるかわかりませんから。」こんな話を聞くと悲しくなってしまう。自分の立場をしっかり見つめて、つつましく自分を抑えていう言葉は胸に重くひびくのだが、これは猿害対策を超えた問題なので、簡単にこうすればいいですよとは言えないのだ。

放棄されたリンゴ園

村市集落の電柵で囲まれたリンゴ園を訪ねた。1戸だけ耕作していた。「ここは私のところだけがやっているのですよ。うちもよそから園を借りて耕作しています。6戸ほどあった農家は高齢、病気などでみんなやめていきました。電柵は1500mほどありますが、今電気は通っていません。1人で電柵の保守はできないからなんですが、今のところサルは入って来ません。」2年前に私が訪ねたときにはまだ3戸はリンゴを作っていたのだからその変わり様はびっくりするほど急激であった。リンゴ農家を守るには、猿害対策だけでなく、もっと別の手当がされねばならないことを物語る。

冬の管理が難しいよ

田代集落の、電柵を張らないリンゴ園を訪ねた。かなり広い、しかし相当な傾斜を持つ園では作業が大変だ。ときどきサルの襲来を受けているところ。「かなりの急斜面だから、電柵を張るのは大仕事だよ。そのあと、草やつるのからまるのを取り除くのも大仕事だ。なによりも冬にちゃんと電気が通るように手入れするのは難しいんだ。雪の中を歩いてきて、吹き溜まりになったところの除雪はとても無理だろうな。」70才に手が届く人の言葉だが、さすがに息子達さんは後を継がないのですかとは聞くことが出来なかった。

リンゴの木は切ってしまったよ

よく川辺で出会う70才後半の元気なおばあさんだが、車で居森平までお送りした。「リンゴの木は去年切ってしまったよ。年だからね。今、フキを作っているんだよ。今日はその草取りなんだ。カボチャも作ったけどサルに全部食われてしまったんだ。手入れはうまく出来ない畑だけど、この土地は売りたくないな。」けっして先行きの明るい話ではないのだが、晴れた日に明るい顔のおばあさんの話を聞いているとこちらも明るい気持ちになってくる。

5　猿害とはそもそも何か

猿害と騒がれているが、何が猿害なのか、どのようにして起きるのか、どの位あるのかを知る必要がある。かつて、けっこう畑の野菜がサルに荒らされているのに、「これ位なら、たいしたことないよ」と言われたことがある。ここの猿害は猿害と認識されておらず、したがって役場の統計に反映されていなかった。猿害はなしである。１００ha規模の大きな畑なので、若干の被害は無視できるわけである。これから見てもわかるように、「被害」は生物学的な資料だけでなく、農業経済的な背景のもとに決められる概念なのである。

ここで、被害の実態をもう少し具体的に調べてみる。サルは畑やリンゴ園に執着してべったりと離れないわけではなく、自分達の生活域としての遊動域内の林を一定のリズムをもって動いている。そして移動中に、林に隣接する畑やリンゴ園に人気がないと見るや侵入するわけである。サルのほうでは、安全な林を離れてリンゴ園などに侵入するのに相当の緊張を強いられているはずで、やたらに奥深く入り込むことはない。それゆえ、林や沢に接している園地は要注意なのである。一方で、他のリンゴ園や畑に囲まれている園地はサル被害を受けない。他の園地の犠牲の上に安泰なわけである。

林内を移動しているサルは40－50頭前後の群れで動いている。群れ全体がド・ド・ドと、老いも若きも園地に出てくることもあるにはあるが、どちらかというと3－6才位の若いオスやメスが最初に出てくることが多い。つづいてオトナのオスやメスが出て来る。人間と同じで好奇心の強い年頃のサルが最初に出てくるわけである。

さて、サルは群れで動いており、彼らの遊動域として決まった土地を利用している。彼らの生活域を離れたとんでもない遠くとか、これまで行ったことがない場所には行かないのが普通である。つまり、決まった群れが決まった畑やリンゴ園を荒らしていることになる。西目屋村だと藤川群と呼ぶ1群が、村市の付近から川原平の上流の大川付近までを利用しており、この地域の被害はこの群れが起こしている。ただ、ときには遊動域の範囲や利用度が変わることがある。少しでも変われば荒らされるリンゴ園も変わるわけで、全く荒らされていなかったリンゴ園が突然酷い被害をこうむることもある。

なぜこのような遊動域の変化が起こるのかは明らかではないが、遊動域内のサルの好物である木の実が不作で、別の木の実が豊作であると動くルートを変えることはあると思われる。そして、変わったルートの近くにあるリンゴ園はそのとばっちりを食うわけである。

田圃も野菜畑やリンゴ園も同様の条件でサルの被害を受けることになる。

・サルの被害程度はどうやって推定するか

リンゴ園を軒並み歩いて被害程度を聞いて回ったことがあった。最も被害が激しい園はすでに耕作を放棄していたし、その理由は当然のごとく激甚な猿害であった。その他に農家の人手の高齢化で体力の限界にきていたことも一つの大きな理由であった。

被害程度は各戸での推定を聞いた。リンゴ箱20kg入で何箱収穫が減ったのかと聞いたのだ。従ってこの中には冬の被害も込みで含まれた。「被害なし」は他のリンゴ園や畑が林との間にはさまっていたり、農家自身でリンゴの木を切って林との間に10－15ｍの隙間を作った場所で見られた。この空間は侵入するサルに緊張を強いるもので、余程のことがない限りサルは避ける場所なのだ。被害が「軽微」ではリンゴ収穫量の平均4・8％、「あり」では18・7％だった。被害が「激甚」では収穫量の27・1％に達した。

ところで西目屋村のリンゴ収穫量は1町歩当たり平均1000箱だ。農家が農協に出荷する価格は当時1箱を高めに見積って4000円になり、農家の売上高は400万円になる。必要経費としては、1町歩当りの農薬代は52万円(1回4万円、13回使用)、人件費162万円(1人1日6000円、3人3か月雇用)、農機具代等66万円を加えて総収入の70％、280万円で、純益は残り120万円、総売上高の30％になった。120万円はリンゴ300箱分に当るので、園を放棄するかどうかの判断は120万円を確保できるかどうかにかかっているように見受けられた。しかし、必要経費の中に農家自分達の労賃は計算されていないので、始めから赤字覚悟のリンゴ園経営なのだ(諸経費は2002年当時の概算による。和田・今井、2002)。

上に述べた計算からすると、1町歩で利益分300箱を確保できるかどうかがリンゴ園放棄の限界だと推定され、「軽微」は被害量50箱以内、「あり」は50－200箱、「激甚」は200－300箱と考えることができる。

リンゴの「激甚」被害量が1町歩当り300箱とすると、この量はリンゴを市場に出すときの屑リンゴの量に匹敵する。屑リンゴはジュースにしかならず、出荷しても手数料にもならない。屑リンゴを少しでも市場に出せる工夫ができれば、猿害は心配しなくてすむ勘定になる。長野県では農家がジュース用にしぼって生産しているところがあり、何とか経営を成り立たせているのを聞いたことがある。工夫のしどころなのかもしれない。

・猿害は農家の懐を直撃したのか

すで触れたが、リンゴ園の純益は1町歩当たり約120万円で、始めから赤字覚悟の経営なのである。この点をもう少し他の統計に照らして検討してみたい。

1990・2000年の農業センサスによると西目屋村の農家戸数と樹園地面積は1990年216戸、132ha、から2000年の155戸、106haで、この10年間に樹園地面積は20%減少した。このうちの農産物販売農家は1990年の391戸から2000年の274戸へと30%減少し、農業の縮小化が明かである。2000年の樹園地面積は1戸平均6・9反歩なので、リンゴ収量690箱、1箱4000円として粗収入276万円になる。農産物販売農家274戸のうち農産物販売高(すべての種類を含むが、果物が56%を占める)が、300万円以下の農家が224戸に達した。このような低落傾向は青森県でも同様で、西目屋村がさらに激しいわけである。

1町歩当り120万円の純益なら、平均6・9反歩の果樹園では純益83万円になる。これに収穫時規格外品が20－25%、猿害が5－10%加わると、これらのマイナス面が収入に直接悪影響を与える。重要な主農産物であるリンゴがほとんど赤字なのである。ある程度収入があり、経済的余裕があれば、規格外品とか猿害などは吸収される可能性はある。純益がほとんどなさそうな場合、それらが直接農家を直撃することになる。

リンゴは、規格外になると、リンゴ園のなかにまさに累々と棄てられている。ちょっと色が不均等だとか、形が歪んでいるだけで、味は全く変わりないリンゴなのだからもったいないの極みと言っていいだろう。これらを少なくするために農家は高い農薬をかけて病虫害からリンゴを守ろうとする。最近、消費者は減農薬とか無農薬農作物を要求し始めている。そのさいには芸術品のような、外形的完全さをリンゴに求めず、味を重視すれば、農家はかなり救われるだろう。

そうすれば、サルも少しは農家からの激しい敵視から逃れられるはずだ。収入に多少の余裕が出来るからだ。動物愛護の運動家もリンゴ園に棄てられているリンゴを買いに来る運動を起こせば、サルが安心して山を歩き回ることが出来るというものである。

6　農家の苦労を学ぶ

すでに紹介したように、西目屋村をまわり、農家の人達の作業を見ていて猿害防除のためにはちょっとした工夫をすればいいのになと思うことがあった。しかし、評論家のようにただ言うのは簡単なことだ。やはり、自分達で体験してみなければだめだというわけで、ＮＡＰとしては機会あるごとに農家の手伝いを始めた。これらの体験を通して感じ、学んだことを紹介したい。

・ネットを張る

電柵がいたるところに張られているのに、張ってある園に混じるかたちで、電柵を張っていないリンゴ園があちこちにあり、サルの格好の標的になっていることはすでに紹介した。簡単なネットを張れば良いのにと口にも出してみたが、張られる様子はない。それならば、私達で張ってみようかと思い立った。

9月上旬のある日、川辺の農家を尋ねた。私達「簡単なネットを張ってみたいのですけど、やらせてくれませんか」とお願いしてみると、「ああいいよ」と直ぐOKが出た。リンゴ園と畑が山際ギリギリにせまっている場所だ。山際からやや急斜面になっている。ネットを張る距離は約110mあった。

ネットはキュウリのつるを這わせるのに使う、見た目には役に立つのかなと思われるほど華奢なネットだったが、使っている農家があるというので、これを使った。使う柱は農家がよく使っている直径3㎝、長さ2・5mの鉄製のチューブだ。

さてどうやって張るかだ。柱は地面に約30㎝刺し込んだだが、それだけではグラグラする。それにかまわずネットを針金に通して18mにのばしたが、ネットがねじれていて言うことを聞いてくれない。おまけに急斜面の上下方向に向けたネットがうまく平均に張れない。ただでさえ急斜面の上り下りは疲れるというのに、ネットを左右方向に直角に曲げるところの柱はつっかえ棒を入れないと上手く立っていてくれない。悪戦苦闘して、2人で36m張るのに半日ほどかかった。翌日は朝から3人がかりで、しかも平らなところだったので、作業ははかどり2日で何とか110mを張り終えた。リンゴの木が林にくっついているところはどうしたものかなど問題は残ったけれど、とにもかくにもできあがった。遠くから見るとネットが張ってあるのかどうかわからない。頼りない防除ネットだが、ネットを張るのがいかに大変かは理解できた。まして電柵張りは容易ではないと実感した。とはいえ、この苦労も報われたようで、その後この農家には被害がないとのことで、一安心である。

・ツガルの収穫

居森平で電柵を張らないで頑張っているリンゴ園で、早稲のツガルが収穫の季節を迎えた。いつも70才代の老夫婦で農作業をやっている。NAPが手伝いを申し出ると「じゃあ、お願いしようかな」とのことで、9月下旬のある土曜日、私達4人は朝からリンゴ園に出かけた。

この日には弘前から息子さんと娘さんが手伝いに来ていて、老夫婦は幸福そうな様子だった。始め私達は緩やかな斜面で収穫されたリンゴを一輪車で運ぶ作業を引き受けていたが、「リンゴをもいでみるか」との一言で、私達は恐る恐るリンゴに手を伸ばした。リンゴのへたの部分に手を当てて木に損傷を与えないように獲る。それを傷が付かないようにそっと竹篭に入れる。よく実っているものは触っただけでポロっと取れるが、やや青いものは少し力を入れないと取れない。樹齢15年程ほどの木で1本20kg入りの箱で5－6箱とれる。始めは歩いて手が届く範囲で獲っていたが、梯子を借りて上って獲った。リンゴの籠を持ちながら、梯子の上り下りがかなり大変なのだ。この作業は60－70才代の人達には相当の負担だろう。私達が曲がりなりにリンゴを収穫しだすと、老夫婦はリンゴの選別をし始めた。色合いでわずかの違いがある、少しの虫食いがある、形で少しの歪みがある、などのリンゴは除かれてしまう。最終的に等級外リンゴは収穫量の20－25％ほどにはなっただろう。朝から午後3時頃まで獲ると、選別が追いつかなくなり、これで作業は終わった。見た目にはそんなにタフな作業ではないのだが、いざやってみると体が言うことをきかないのだ。このあとしばらくして同じリンゴ園に行って見ると等級外のリンゴは捨てられていた。流通のルートさえあれば、立派に商品になるのに残念なことである。

ツガルの収穫が終わったある日、パトロールをしているとリンゴ園には等級外のリンゴがそのまま捨てられていた。道路側はよいとして、林の側に山盛りにしてあるものもある。これではサルの餌付けしているようなものだ。サルをリンゴ園に引き付けているのだ。その持ち主の家に行き、了解をもらい、リンゴを埋めにでかけた。園内なら地面は柔らかいだろうと掘り始めると、そうは問屋はおろしてくれない。石交じりでとても硬いのだ。この作業は1時間ほどの汗かきですんだが、11月、リンゴが全部収穫終わりになるころリンゴを埋める作業は大変だなと感じた。餌が乏しい季節に入り、サルはそのリンゴを狙ってくるからだ。埋める作業が追いつかないだろう。

・稲刈り

川辺で1人で作業をしているお婆さんが「そろそろ稲刈りの季節だけど、人手が無いんだ」とつぶやいていた。「手伝いましょうか」「頼むかな」となり、10月上旬にまた4人で出かけた。当日は、自慢の息子さんと娘さんのご主人が手伝いにやってきた。息子さんが稲刈り機で稲を刈ってゆき、私達はその稲を一箇所にまとめる。しばらくすると脱穀機をご主人が操作し始めたので、そこまで運ぶ。私達は、いわば運び屋をつとめたのだ。それしか能がないわけだが、それがまた大切な役目なのだ。単純な作業だが、午後になると運び屋の役目も少しわかり、能率が良くなりだしたところで、脱穀機がストライキをして動かなくなった。大部分の作業が終わってはいたが、2反歩の稲の脱穀を完全に終らないで、作業は終わった。翌日も手伝ったが、今回はしっかり運び屋を組織化して格段に能率を上げた。息子さんはそれに輪をかけて頑張った。ほとんど休みなしに朝から夕方まで速度を落とさずに刈り終え、40kgほどの籾が入った袋を軽々と運ぶのを見て全く唖然とした。まだこれほどすごい人が農村にはいるのだと感心した。私達は、2人は息子さんの後を追い、刈られた束を集める、あとの2人は脱穀機に束を運び、脱穀機に束を入れる作業と分かれ、必死について行った。午後になって、まだ水の引かない泥田圃で足をとられ、すっかり疲れ果てた。夕方2・5反歩の稲刈り作業が終ったころにはよたよたと歩く始末だった。そうなっても息子さんは朝と同じ調子で作業している姿を見て、人ではないんではないかと凄みを感じた次第だ。作業の中でお婆さんはたしかに作業には直接関与しなかったが、チョコマカと歩き回り、1本2本と落ちた稲を拾っている姿に感動した。

2日間でわが方は疲れ果てたが、農家の人達は休む間もなく働いている。このような作業が報われる組織が必要だとつくづく感じた。

7　ニホンザルはなぜ被害を増大させたのか

・被害農家はどう考えているか

1999－2000年にリンゴ園の猿害について聞き込みをしたとき、サルはなぜ被害を激化させたのかとの問いかけを各農家にした。誰もが気がかりで、触れたくない難問を、怖れげもなく聞く奴だとして答えない人達が多かったが、中には「サルが増えたからだよ」とか「奥山の国有林で木を伐りすぎたからだ」と答えてくれた人もいた。くだらないことを聞くよりもさっさとサルを取り尽くしてしまえば、被害はなくなるんだとの思いはあったことだと思われる。また、その時の聞き込みによると、西目屋村の被害開始年は場所によって少し違う。村の中心部の田代から上流部での猿害はそこから下流部に比べて約3年早く始まった（和田・今井、2002）。これは、「奥山で国有林が木を切りすぎたからだ」と言われた被害農家の発言を裏付けている。

全国的森林伐採の影響は、白神山地にも及んだのは明らかだ。1950－80年代の大面積皆伐・針葉樹一斉造林はすさまじい勢いで全国的に行われ、野生動物の生息環境を悪化させたことはよく知られており、ここでもほぼ同年代で伐採が進んだのである。

・猿害の激化や駆除は全国的にはいつころからか

1970年代後半から各地で被害の激化が言われ始めた。一段と激しくなったのは、1990年頃からである。被害の激化が全国的森林伐採の激化を追いかけるように起こったことから、森林伐採がサルの生息環境を奪ったことによってサルを里山に追い出したために被害を激化させたと考えられる。

猿害によるサルの駆除は、1980年代前半は全国で約6000頭だったが、それ以後うなぎのぼりに増大し、1990年代終わりには1万頭、2010年には2万頭を突破した。各地でサルを駆除したのだが、中でも福井県、岐阜県、長野県などは相当数の駆除を行った。長野県は1976年に10頭、1986年に363頭だったのが、1996年に1012頭、2010年には2051頭に達した。また、国は2007年の鳥獣被害防止特別措置法によって、サルの駆除手続きを容易にするために許可権限を市町村段階におろすことにした。

乾燥中の稲にしのびよるサル。(写真：筆者)

猿害が増加するのであれば、サルの数は増えているのだろうかと聞きたくなる。ニホンザルの研究は1952

年に始まったが、そのころ野生のサルを探すことは容易なことではなく、何十人ものサル屋が全国を歩きに歩いたが、サルを見つけて観察することは困難だった。第二次世界大戦の前後には戦争準備の名目で森林伐採がすさまじい勢いで進み、野生動物は乱獲され、そのためにサルを含めた野生動物が急減したと言われている。戦後まもなく、1947年にサルは狩猟鳥獣からはずされ、保護されることになり、サルの個体数は徐々に増加したことは確かであろう。

・長期にサルの数を追跡した例はあるか

野生のサルを長期に追跡した例は全国を見回しても数えるほどしかない。石川県白山の蛇谷では1967年から現在まで丹念に毎年サルの個体数調査を行っている。この地域は自然保護区に指定されていて落葉広葉樹林が十分に残されており、そんななかでサルは徐々に数を増やし、したがって群れ数を増やして、分布域を拡大してきた。せっかく調査しているのに国有林の大面積皆伐・スギ人工林植栽、ゴルフ場、スキー場、道路など経済バブル期のすさまじい開発であえなく調査を中断させられた所が多かった。サルは住処が安定していると、少しずつ増えるのだが、このような乱開発で住処を荒らされると数を減らし、時には人の生産物を食べて数を増やすことが知られている。

すでに紹介した全国の例を当てはめて西目屋村の場合を類推してみたい。1971年4月からの1ヵ月間、私達7人の研究者は岩木川上流の暗門上部の妙師崎沢にテントを張り、赤石川上流の櫛石沢や鬼川辺沢を歩いたが、すばらしいブナの巨木林だった。サルの姿は見なかったが、いたるところにサルが食べた樹皮の痕を確かめた。その後、これらの地域は相当伐採され、スギ林になっていたり、丈の低い雑木林になっている。これは1970年代の国有林の大面積皆伐の痕を見ているわけで、同年代に村では猿害の声は上がっていなかった。人とサルは互いに住処を荒らすことなく、尊重し合って暮らしていたのだ。

先にも触れたが、一般的にサルは林を切った直後の雑木林ではかなり豊富に食物を探すことが出来る。ノバラの実、木を切った後に生える灌木の芽や小枝などを食べるのだ。しかし、スギが10年、15年と大きくなるにつれて林床に光が入らなくなり、生える樹種が限定されて、食べ物が限られてくる。これでは、サルだけでなく、どんな生き物も住むことが出来ないのだ。

西目屋村で1990年代前半からサルの被害が大きくなったというのは、スギ林が大きくなり、サルの住処を奪ったと思われる時期とほぼ合致している。それだけではなく、サルも狩猟獣からはずされて少しずつ増えていた。サルの群れは数が増えると、ある程度以上には大きくならず、分裂する。ひとつの群れは新天地を求めて別の場所に遊動域を作る。これが分布を広げたことになるわけである。奥地に住んでいたサルが川原平から村市へ、田代、杉ヶ沢へと下流方向に出てきたのである。

また、もう1つ、西目屋村の生活の変化と関係するものがあるように思われる。1960年代以前には多くの人達が山で炭焼きをしていた。この際の伐採は国有林と違って小面積を切って行くので、野生動物に大きな影響を与えることにはならなかっただろう。それだけでなく、薪取り、キノコその他の山菜取りなど頻繁に山を利用していたわけである。このときにはサルは人をおそれ、容易に里山には近づくことが出来なかったはずである。

このように見てくると、被害発生の原因を類推することができるのではないかと思われる。大きな力としては、国有林の伐採がサルの生息環境を奪った。またサルは狩猟獣からはずされ、すこしずつ増え始めた。そのころから、里山利用では緊張関係にあった人間の側が弱体化した。このような要素が幾重にも重なり合って、１９９０年代後半に始まるサルの被害激化に至ったのではないかという筋書きが見えるのである。

長い時間かかって起こった出来事は長い時間かけて元に戻す作業を必要とする。被害を受けている農家は日々暮らしているのでそんなまだるっこしいことでは暮らしを立ててゆくことは出来ない。短期的には西目屋村は電柵、花火、爆音機、空気銃など手厚い補助をした。長期的には西目屋村の面積の約90%を保有する国有林に対して、サルの生息環境を充分に確保するような森林施業を要求することが重要である。大面積スギ林に落葉広葉樹を混交させることが必要である。農村にとって、これは単にサルの生息環境だけでなく、森林の保水力を高め、田圃の水確保にもつながる大切なことだと思われる。さらには、リンゴ園の所有で各地に散在しているものをなるべく一箇所に集中する政策をとれないか工夫するのも大切なことだと思われる。また、サルの群れが暮らす森林は、民有林とはいえ数haも皆伐することは避けるよう指導すべきだろう。とにかく、簡単に目先で猿害をなくすることはできないことに注目し、短期的、長期的方策を立てて、地道に実行することが重要である。

8　求められるのは、被害を跳ね返す活力

ＮＡＰの３人で、いつもの追い上げを他の仲間達に頼んで他の町村のサル、クマ被害の状況を調べに出かけたことがある。他の町村で何か面白い防除策をとっていないだろうか、サル駆除はしているのだろうか、林の様子はどうなんだろうかなど知りたいことは沢山ある。それの中から少しでも西目屋村で使えるものは無いだろうかと考えて、２００２年10月下旬に３日間の予定で出かけたので、紹介する。

訪ねた町村は次の７ヵ所——秋田県の藤里町、二ツ井町、峰浜村、八森町、青森県の岩崎村、深浦町、鰺ヶ沢町。いずれも白神山地の山麓にあり、白神山地の特徴を観光などの地元産業にひきつけられないだろうかと考えている地域だ。過疎、高齢化の傾向が止まない町村というところでも、農林業ではとても立ち行かないので、観光業に何らかの関与を認めてゆきたいという点でも共通している。

青森県と秋田県県の猿害で違う点は秋田県が有害鳥獣駆除でサルの駆除を認めていないことだ。おそらく、これまで秋田県では猿害が県北の八森町に限定されてきたので、厳しい状況にないとの判断があったように思われる。

なんと言っても西目屋村はリンゴ栽培で突出している。リンゴ栽培に関する被害は西目屋村だけ

で1000万円の大台を超えており、それ以外の町村では換金作物を持っていない。

有害駆除の程度で見ると、岩崎村、深浦町、鰺ヶ沢町の3ヵ所で、2001年にそれぞれ20頭、31頭、5頭であった。

秋田県の四町村では、猿害は少ないが、サルの追い上げを行っている箇所があった。青森県側の三町では4－5年前から猿害が進み出して各種の防除策を行っていた。最も印象に残ったのは、深浦町の巨大農場での、猿害なしの話しだった。完全に機械化され、500haを超える規模で、あちこちの畑地で実際に被害を受けた野菜を見ているのに「被害」はないとのことだった。実際に被害を受けた畑地の規模は各地の町村での被害に匹敵するのにだ。猿害とは懐具合と深く関係したことなのだ。

ここまでくると、被害対策ではなく、現在農村が抱えている多くの社会的、経済的諸問題と真正面から向き合うことになってくる。

9　西目屋村の取り組み

西目屋村は人とサルの共存をめざして、サルの「追い上げ」を実行した。追い上げとはその名のとおり、里へ下りてきたサルを山に追い返す作業である。西目屋村はその点で先進的な取り組みをした。なぜなら青森県はサル駆除を認めているにもかかわらず、あえて駆除ではなく、地道な努力を必要とする追い上げを採用したのだから。それだけ経済的活力があることの証明であると思うのだ。そのことは、経済的活力が下がると、被害を被害として跳ね返すことができなくなることからも確かだ。

1996-98年に行われた、市町村・県・国による丸抱えの電柵張りがうまくゆかないことは、白神山地の西目屋村でも志賀高原の山ノ内町でも同様であった。折角の電柵を林の中に、あるいは林に接して設置してあるところが目につくのだ。その理由は、設置する電柵の場所が自分の畑の中にあると、畑仕事が制限されるからである。サルは、木に登らないとでも考えているかのようである。自分の懐が痛まない出費はどうでもよいという態度なのである。その点では、続いて2年間行われた村独自の電柵補助事業では、被害実態に即して設置された。

猿害防除に下手くそでもいいので、まずは自分で防除策を試みる、ついでとなり近所の人達と連絡を取り合い、情報交換をし、地域から群れを締めだすことが肝要である。

・屑リンゴを生かそう

「屑リンゴ」として捨てられるリンゴがあることは紹介したが、リンゴの収穫量の実に20-25%が屑リンゴとされて市場の流通ルートに乗らずに埋められたり、放置されたりする。屑といっても、ちょっと表面の色が一様でなかったり、ちょっと虫が食った痕がある程度で、味には全く関係がないし、街ではリンゴ1個100-150円で売られているのにである。西目屋村の被害農家が、そのような屑リンゴを町の物産店に市場価格の半値ほどで置いてもらったが、観光客が喜んで買ってゆくので、あっという間に売れてしまった。これに後押しされて村の青年団が関西のあるデパートに売り込んだが、好評であった。その後、この動きは村全般に広がっていった。

1戸当たりの屑リンゴの量にあたる20－25％とは、猿害の「激甚」といわれる量に近いので、この量がゼロになれば、猿害がゼロになるのと同じことなのである。市場の流通、消費者の品物への選択眼、地元農家の品物に対する対応などによって、猿害が著しく軽減される可能性があるのだ。

・冬のサル追い上げ開始

サルに「ここは餌場ではない」と徹底してわからせるための追い上げも大事だ。追い上げをするにはまず、群れを見つけねばならないので、サルに発信器を装着するためにオトナメスを捕まえることにした。オスは自分が生まれた群れを移ることがあるので、発信器をつけても無駄に終わる可能性がある。こうして、２００1年3月にオトナメス1頭を捕獲した。農家で使っていない鉄製のパイプを村の鍛冶屋に持参して、檻を作ってもらう。群れがよく通る場所に檻を置き、周囲に餌をばら撒く。たちまちサルが寄ってくるので、檻に入ったら、ドアを落とし、オトナメスを捕まえる。発信機は3年間電波を発信し続ける。電池が切れた後は発信機をとりはずしてやる必要がある。

せっかく捕獲したメスなので、生体計測をした。最初は体重だが、13・1kgあった。歯の生え具合や歯の表面の摩滅状態から見てメス成獣だが、歯の表面がそれほど摩滅していないので少し若いとみた。胸囲、頭胴長、手や足の長さ・幅なども計り、最後に腕の静脈から少し採血もした。このサルは、オトナメスでは冬の季節で13・1kgの体重はニホンザルの中でもダントツに重い。一般的にニホンザルは10－11月ころ、秋に果実をたらふく食べて重くなり、冬食べるものは木の樹皮と芽、ササの葉しかなくなるので、雪が消えて新芽が食べられる直前に一番やせる。秋に計った石川県白山のメスは平均で12・85kg、志賀高原では11・86kgだった。今回私達が計った時期は3月だから、秋口より体重は減り気味の季節だ。西目屋村ではまだたった1頭の資料しかないのだが、日本で1、2を争う重さであろう。もう少し資料を増やして、なぜそんなに大きいのかを考えてみたい。

村市から上流にいる藤川群は2001年同様発信機の発信音を頼りに追いかけている。ゴミ捨て場でカボチャを食べていた。このところ発信音を捕まえていないので、川原平から上流部にいっている可能性もあるだろう。大秋から白沢を動いている鷹巣群は発信機がついていないので、私達が必死になって歩いて探すしかない。ただ、夏や秋と違い、雪の上にはサルの足跡が残るので、この点が大変便利で役に立つ。

例えば、2002年2月1日には田代から大秋に抜ける林道で足跡を発見し、スキーやスノーシューで足跡を追ったところ群れを発見した。群れは夏や秋だと、移動に際して時には50－100mに広がることがあるが、冬は省エネ対策でゆく。たとえば、先頭で歩くサルはかなり雪に埋まり、ラッセル車よろしく道をつけるし、交代しているだろう。このあとのサル達は次々と同じ道をたどる。立派な道ができるわけだ。中にはへそ曲がりがいて、わざわざ別のルートをたどることがある

雪に埋もれるリンゴの木。（写真：筆者）

ので、道は複数になることが多い。道の付け方から、群れの生態・社会が推定できるわけである。

２００３年、降雪量は普通なのかどうか心配していた。積雪が多いと電柵が埋もれてしまうからだ。確認したときには電柵は雪面に１・３ｍほどは出ていたので、保守がしっかりしていればサルの侵入を防ぐ。しかし、これからもかなりの降雪が予想されるので、あと80㎝位積雪があると、雪面には50㎝ほどしか電柵は出ないことになる。これだと、吹雪になり、吹き溜まりができると電柵はすっぽりと地形によっては雪の中に隠れてしまい、サルはこの上を歩いて自由にリンゴ園に侵入する。現にそんな状況を私は何回か見ている。自宅の近くにあるリンゴ園なら頻繁に見回ることはできるが、かなり離れているところでは難しい。スノーモービルなどで見廻っている所もあるが、大変な労力を要する。真冬の電柵の保守が課題だ。

「被害激甚」からリンゴ園放棄に至った中で、冬期の被害が原因であったものが目についた。その被害はリンゴの木の小枝を折り、枝ごと食べていたり、太めの枝の樹皮をかなりの量を見事に剝がして食べているのだ。冬にリンゴ園を見廻ることはほとんどないので、サルにやられ放題なのである。秋の収穫時の被害はその時だけだが、冬の樹皮や小枝折りは、樹の成長に不可逆的な打撃をあたえるので、深刻な猿害なのである。

この年の2月中旬に連続観察したとき、藤川群は岩木川沿いを移動していたが、いずこも落葉広葉樹林とスギ林をぬって動き、園地には侵入しなかった。この中で目立ったのはヤマグワの芽と樹皮をよく食べていたことだった。いずこも電柵の外側を移動していたので電柵が働いていたであろう。

発信器を付けたメスを含む群れを春から冬まで追いかけた結果は、追い上げの効果を見事に見せてくれた。これまでリンゴ園周辺を遊動していた群れを林縁まで追い上げることをしつこく繰り返したが、群れは次第にリンゴ園が少ない上流域に居続けるようになり、2年後にはさらに上流域の、リンゴ園がないところにまで遊動域を移し換えてしまった。林縁部までの、しつこい追い上げはじわじわと群れの動き方に効いて行き、群れの園地への侵入を防止したのだった。リンゴ園が接する林はほとんどスギの人工林だったので、群れはそこを利用する事を避けて、上流域に移動したので、もし近くが落葉広葉樹林だったら、近くの林を利用したはずであった。

この頃ではサルの追い上げは、国でも補助金を出して後押ししており、猿害防除としては普通にとられる方法になっている。だが、私が経験したことから見ていくつか反省を踏まえて考えたことがある。①何といっても、村にこれを推し進める係を作りたい。②そのような活動を支える団体を村から独立して作りたいが、当時では無理であった。ねらいは、村、白神山地の世界自然遺産の関係者、青森県、ＮＰＯなどの支援の下に小組織を設立することである。

私達がサルの追い上げ事業を始めたのは、２００２年だったが、被害農家は、「森の際までサルを追うだけで猿害防止に役立つのかな？」と群れの追い上げ効果には疑問を投げかけてきた。しかし、翌年になると目立って猿害が減り、追い上げの効果が明らかになった。このあと少しは、お手伝いをしたが、その後私達は西目屋村から離れた。その後、村長も変わり、追い上げ事業は、村が雇った１人に任された。その結果は上に述べた反省であった。

・西目屋村はどうするか

西目屋村は、１９６０年には人口が５３４６人だったのが、２０００年には２０４９人と40年間に38・３％にまで落込んだ典型的な過疎の限界集落で、高齢化がそれに拍車を掛けている。過去には川原平集落がダムに水没するので、高台に移転し、今回は目屋ダムをさらに嵩上げするというのでさらなる移転でほとんど全部の家が同じ村の田代周辺と弘前に移り住むことになった。私のようによそからきた人間でも実にさびしい光景が広がる。

ダム用の道路にかかるリンゴ園が買収されると、いくらか残る園地もリンゴの木を伐ってしまい、リンゴ栽培をやめる農家が出ている。栽培を続ける意欲を持続するほどの収入につながらないとか、体力が限界にきている高齢に達しており、後継者がいないなど継続する条件がほとんどないのが現状だ。本来農業が産業中心の村であるのに、土木事業なる第三次産業が主要な売り上げになる奇妙な産業構造であることはご多分にもれない。

西目屋村はその約90％は国有林だが、外材の圧力に負けて、林業に活路を求めることもできていない。昔鉱山があったが、現在は閉山した。1960－80年代国有林が大面積に伐採し、植林したときそれに雇われていたので、当時仕事はあったが、今はそれもない。

残る希望はいずれの町村でも求める観光産業だが、幸いなことに村には豊かな自然が残されている。しかもそれが世界遺産地域に指定された白神山地自然保護区なのだから、貴重な自然財産だ。暗門や津軽峠の自然を楽しむ観光客が土曜日、日曜日を除いてもかなりの数になるほど盛況で、それを反映して地元のホテル、温泉、オミヤゲ販売店は黒字運営だという。

又、地元の若者有志は観光と農業をつなげて、地元で栽培された農産物を西目屋特産として販売する体制を目指している。さらに自然を楽しむ、学ぶなどいろいろの需要を抱える観光客や修学旅行の学校の生徒達が、見事なブナ林の成立とかサルやツキノワグマの生態を知るなど自然に入り込む導入部のお手伝いを地元の若者達が中心になってするなど、これまでと違った対応が可能になると思うのだ。

2007－8年に西目屋村を再訪したが、りんご園経営とか観光産業振興などへの努力は続いていた。だが、それが人口減少への歯止めにまでは至らなかった。2015年には人口1454人にまで落ち込み、限界集落としては消滅寸前になっている。容易ならざる事態に直面しているといえるだろう。

第六章　ニホンザルと共存するために

1　スノーモンキーの研究をいかにして進めるか

私はこれまで、インド、ネパール、中国でニホンザルに近縁なサル達の調査をしてきたが、日本列島の生息環境としての森林や気象に大変違いがあることを身にしみて感じてきた。たとえば、中国で落葉広葉樹林の伐採を見てきたが、そのあとの天然更新は非常に遅いのである。傍芽更新にしても切株からなかなか芽が出て来ないし、林床の非常に薄い有機質土壌のためか発芽が極めて悪いので、一度木を切ると更新が容易ではないのだ。それに引き換え、日本列島では、有機質土壌の発達がよく、天然更新が非常に速いのにびっくりする。数年で切株に傍芽が出てくるし、稚樹の発芽も早い。モンスーン地帯にある日本列島と雨が少ない、乾燥した大陸性気候との差がその原因なのだろう。モンスーン地帯にあるからこそスノーモンキーを生み出したわけで、サルの生息環境も含めて大きな、そして魅力ある研究課題なのである。

２　志賀高原に自然史博物館を立ち上げよう

第四章ですでに述べたが、志賀高原の森林回復には、設立を期待している財団法人志賀高原自然史博物館の活動に希望を託したいのである。森林やそこに棲む生き物を含めた自然回復の下に、その自然を教材にした自然教育、さらには自然観光を活性化して、地元の人達や日本人の生活を、豊かにしようというのが博物館の目的である。

志賀高原の息を吹き返させるのは、何といっても無残に切り刻まれたブナ林の再生が急務である。スキーコースとスキーリフトを全部なくせよとは言わないが、現状の３分の２は森林復帰させるべきだろう。さらに、志賀高原各地に立つ閉鎖した旅館・会社の寮、ホテル跡地は同じように森林復帰用にすべきだ。このような森林復帰は50－１００年単位で将来を見通した計画の下に行われる必要がある。このような事業が成り立つためには土地の所有者たる和合会や共益会の了解が必須である。

野猿公苑機能はどうすべきか、大きな問題が残る。餌付けを突然中止することはできないから、段階的に餌量を減らしてゆき、群れの動きを注視する必要があるだろう。下流側の畑やリンゴ園に出ないように山側に追い上げることを辛抱強く、長年月続ける必要があるからだ。

志賀高原各地には土砂流出防備保安林が設定されており、これは滅多なことでは解除されない。その保安林は横湯川流域にもあり、１９５０年代までは、川沿いに炭焼き窯があり、小規模に木を切り、炭を焼いていたが、１９６０年に入ると見られなくなった。志賀高原北部の魚野川流域は国有林だが、両岸が切り立ち、施業不可能で伐採が入らず、1993年に佐武流山周辺森林生態系保護地域に含まれたので、まずは安泰である。雑魚川流域とカヤの平一帯のブナ林はほとんど伐採されて見る影もない。その他に、国立公園特別保護地区や生物圏保存地域などで、わずかの面積の森林が保たれている。

このように見てくると、わが博物館が森林回復に取り組むのは、丸池、発哺、高天原などの和合会所有のスキー場、焼額山周辺の財団法人共益会所有のスキー場を中心とする地域になる。この際、これまでのスキー場関連施設の無制限な拡大について反省し、志賀高原の自然をどのように教育に生かしてゆくのかに関する将来計画を打ち出す必要があるだろう。それには財団法人の関係者に加えて環境省、農水省、学識経験者、地元NPOから成る協議会を作り、検討し、財団法人に提議するのがいいだろう。

3　サルの生息環境としての森林を復活させよう

国有林による大面積皆伐、その後の一斉針葉樹造林の結果が、西目屋村での猿害発生の原因である。1971年に同村には猿害はなかったが、1980年代後半に猿害が蔓延した。伐採後10－15年過ぎてスギがある程度大きくなり、林床に陽が入らなくなり、その結果灌木が生えなくなって、サルの餌がなくなったのが猿害発生の主原因である。西目屋村面積の約90％が国有林で、私が初めて同村を訪れた1971年にはブナ林がかなりの規模で伐採されつつあった。1980年代後半から群れは次第に岩木川の下流に移動して、水田やリンゴ園に姿を見せるようになった。この伐採は１９５０－80年代の全国規模の森林大面積皆伐と期を一にしたものである。当時の経済バブル期に伴う需要供給の大規模化とチェーンソウ導入による森林伐採の効率化が森林の大面積皆伐を可能にしたといってよいだろう。

林野庁は、１９８２年に青森・秋田両県にまたがる白神山地に広域基幹林道青秋線を新設し、さらに奥地の森林伐採を計画した(牧田、1989)。これには、両県を中心に、全国的な反対運動の盛り上がりによって、秋田県は１９８８年、青森県は１９８９年にこの林道の建設を凍結した。この流れの中で、白神山地は、１９９１年に自然環境保全地域に、１９９３年には世界自然遺産地域に指定された(図11)。

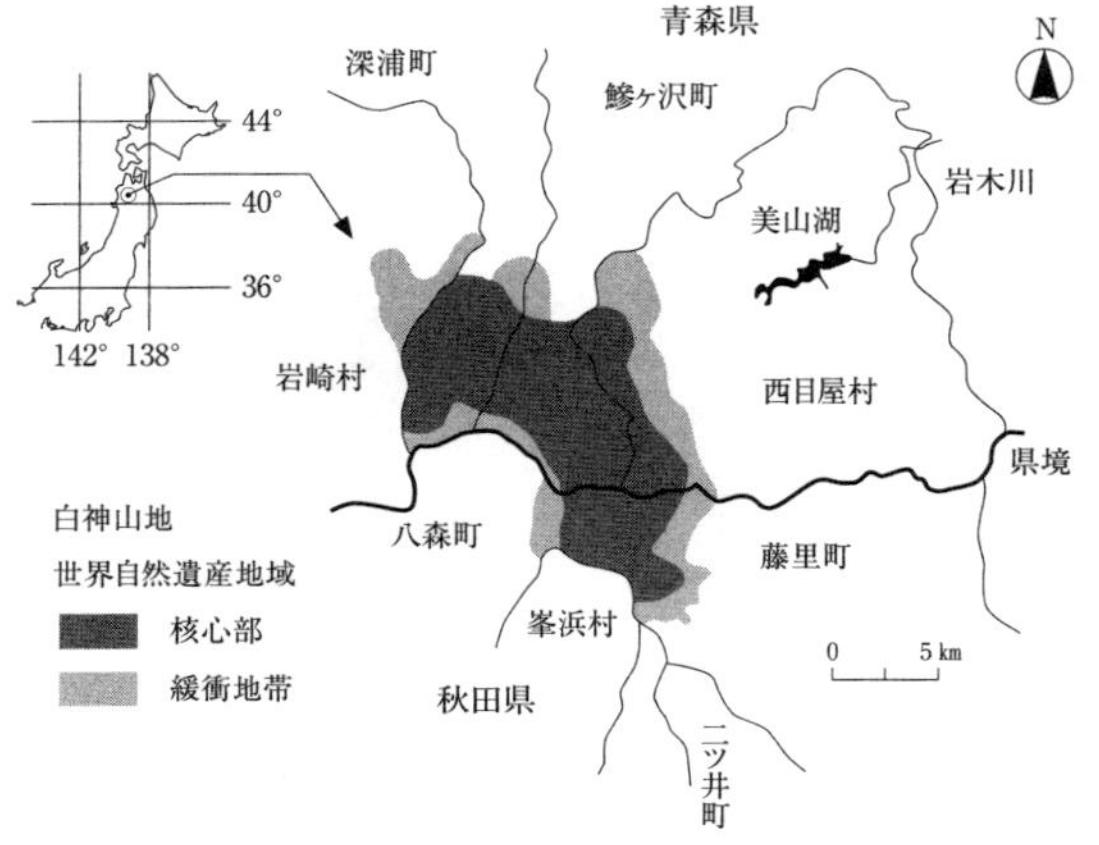

図11　白神山地世界自然遺産地域（和田、2008）

私は１９７１年に現地を見たのだが、そのころすでに大面積皆伐は始まっていた。このような国策としての大面積皆伐とは別に、おそらく戦前から１９６０年にかけて西目屋村は、林野庁の許可を得て、岩木川上流域の国有林としてのブナ林を利用していたことが知られている(上野、1990)。

村の消費を主要目的に岩木川上流域に木炭生産地を12ヵ所、薪生産地として4ヵ所を決めて林を利用していた。青森県では炭生産は1916年に始まり、64年に終わっている。最大の生産量は46年の年間1万tであった。おそらく村でも同じような傾向で炭生産を行っていたと思われる。当時の炭生産は窯を築いてその周り数十mの木を伐り、それが終わると、別の場所に又窯を築くという方法であった。それは、自家用と多少の販売用の炭に当たる量であったと思われる。このような方法で炭を製作していれば、元に戻ってくるときには、伐った木は再生していたのではないかと思われる。このような、森林利用ではサルの生息環境としてのブナ林がサルの遊動域を変更させるような規模には至らなかったのである(図12)。

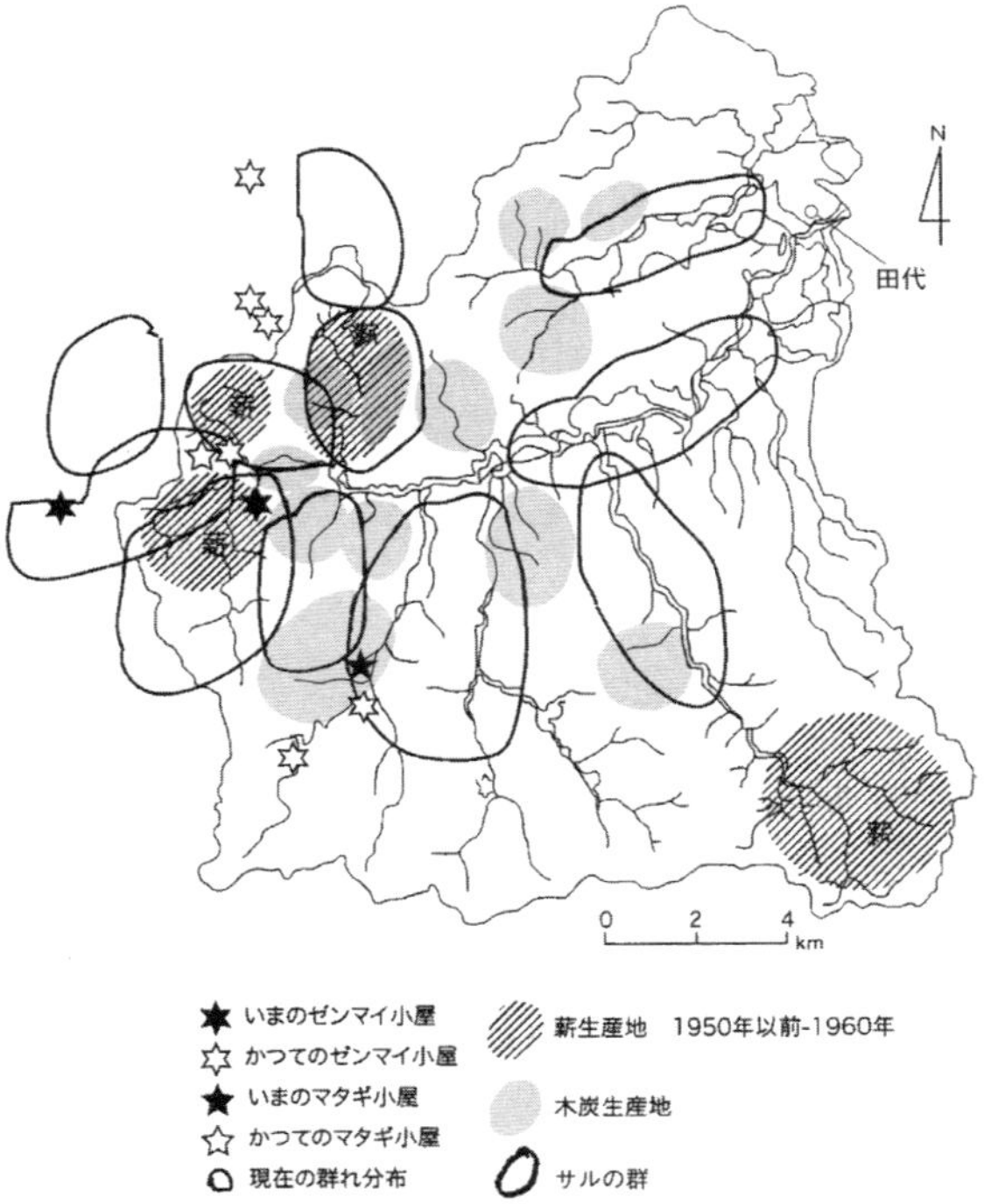

図12　西目屋村の、国有林における薪炭利用（上野、1990を改変）

　西目村は有名なマタギの村だ。私は、その一人工藤光治さんにお会いし、サル、カモシカ、ツキノワグマの狩猟のことなどを伺ったことがあるし、初めて白神山地に入るときにはガイドをお願いしたこともある。マタギは、狩猟採集を行うので、狩猟だけではない。キノコ取り、ヤマブドウ・サルナシ取りなどむしろ採集に多くの時間を費やしているし、自宅では結構広い畑も耕作している。サルの分布については、白神山地のほんとの山奥よりも里山に近い方でよくサルに出会うと言われたのが、興味深い指摘であった。山奥というと、世界自然遺産地域の核心部のあたりだが、ブナの大径木が多いと、ブナの小–中径木よりも樹種が少なく、サルの餌になる木の種類が少なく、従って餌量の少ない可能性があるだろう。

彼らは、自分が必要な時に狩猟を行い、獣を狩る。そして、山の神に感謝する。捨てるところがないように獲物を利用する。採集にしてもめったやたらに集めることはない。採集する種類ごとに慎重に採集方法を選んでいる。

マタギと同様に村人達の周囲の森林利用は、四季折々の利用に及んだ。春先の草木の新芽、灌木に実る果実、秋の各種の木の実の採集は自然を壊さない範囲で行われた。このように頻繁に里山が村人によって利用されることで、サルやクマなど野生動物が農耕地に近づくことを防いでいたと思われる。

このようなマタギの自然利用や、村人達の薪・炭森林利用の精神が青秋林道建設反対の活動のエネルギー供給源になっていたのである。

・白神山地にも自然史博物館を

猿害防止の解決はサルとヒトがどうやって共存するかにかかっているが、今までヒトが威張りすぎた結果が現状の問題をかかえたのだから、どのようにヒトがサルに遠慮するかが中心テーマになる。現在は、畑、里山、奥山いずれでも両者が顔を突き合わせていがみ合っているからだ。最も大きな課題は国有林の施業を如何に評価し、変えさせるかである。

志賀高原に作ることを提唱した自然史博物館は当然の如く、白神地域にも必要である。財団法人にするとしたら、関係する組織体としては、村役場、青森県、世界自然遺産事務所、弘前大学白神自然環境研究所、白神山地を守る会、白神マタギ舎などであろう。やることは、志賀高原と同じように沢山あるが、第一の課題は、何といっても世界自然遺産地域の範囲拡大であろう。現在は、核心部10139ha、緩衝地帯6832ha、計16971haなのだが、常識的に緩衝地帯が核心部の5－6倍は必要なのである、たとえば、緩衝地帯を現在の10倍、68320haにすると釣り合いが取れるというものだ。おそらく、林野庁が将来の施業にタガをはめられるのを嫌い、範囲の拡大に抵抗したと思われる。

現在、緩衝地帯では大部分スギ林が占めている。西目屋村の範囲もかなりの面積を国有林のスギ林が占拠しており、間伐も枝打ちもしないで放置されている。これでは西目屋村がヒトとサルの共存を目標にしても、サルが安住する場所が非常に狭いので追い上げが効果を上げることが容易ではない。サルだけでなく、ツキノワグマその他の野生動物についても同様だ。これらの地域は里山にあたり、国有林は地域社会がこれらの地域をどのように評価するかを重視した協議を弾力的に行う組織を認める必要があるだろう。たとえば、部分的にでもスギ林を落葉広葉樹林に転換する方針を打ち出すことなどが必要だ。国有林は5年に1度施業計画を見直し、その時地元自治体、国民一般から意見を聴取する機会を持つと言うが、それが実現するには、例えば地元自治体と国有林間の相互理解・信用が必要であることから見ても、現状では望むべくもない。

他方、西目屋村では多くの畑やリンゴ園が放棄され、そのまま放置されている場所が増えつつある。極端に過疎化し、高齢化している地域で起こっている私有地の扱いが問題である。現在の農政ではこの流れを止めることは容易ではない。私有地だけではだめで、里山の国有林利用も結びつけた大規模農業、林業、農山村観光事業、などを起こすことを考える必要があるだろう。

西目屋村にはこれらの要素はそろっている、世界遺産白神山地遺産センター、青森県ビジターセンター、これに国有林を含めた機関が互いの知恵を出す方向に歩み寄れば、全く新しい発想で村の活性化は可能である。結局サルとヒトとの共存は、これまでの大量生産・大量消費・大量放棄から脱却した、サプライサイド重視の政策ではなく自然法則に即した産業の創出によって実現される性質のものである。また、そこは、冬季には積雪2－3mにもなり、スノーモンキーの自然教育、環境ガイド、野生動物の生息環境として優れた地域である。そして、この地域を、志賀高原と同様に自然保護・保全運動の全国の拠点の1つにすることである。なぜなら、すでに青秋林道建設反対運動で、それを成功させ、世界自然遺産地域を現実のものにした実績を持つのだから、運動の拠点としてふさわしいのである(竹内・牧田、2008)。

4　陸地に生物群集を復元させよう

生物群集なる言葉をつかったが、簡単に言えば、存在する生物はすべて独自の存在価値を持ち、他の生物と何らかの関係を持ち、一定の範囲でその関係をまとめている。それを生物群集としておく。人間が一方的に都合が悪いからといって、ある生物を皆殺しにして絶滅させる権利は持たないのである。

・森林の回復を

巨大な生物群集の一つは、森林であるが、現在、それを人間の都合で大面積に改変したり、驚くべき変革が行われている。最近の国有林の大面積皆伐、その後の大面積針葉樹一斉造林はその最たるものである。そのために、そこに棲んでいた野生動物の生息環境を奪ったのである。第五章で説明したように西目屋村の猿害はその例で、猿害発生の原因を作ったのである。従って、猿害をなくするには、彼らの生息環境を回復させねばならない。てっとり早くサルを駆除しても意味はない。また、西目屋村でサルの追い上げをしても彼らの生息環境が周囲に用意されていなければ、あまり効果はない。

西目屋村でサルやその他の野生動物の生息環境をどのようにして回復させたらいいのか、具体的に検討してみたい。この村の90％近くは国有林で占められるので、林野庁との協議が必須である。この村で猿害を起こしている群れは2群なので、それが村内に出てこないように、彼らの遊動域を林内に認めてやることが必要である。村を囲む国有林はいずこもぎっしりと密植したスギ林で、枝打ちも間伐もしていない、いわば化け物屋敷のように昼間でも薄暗い。林床は笹の原っぱであり、サルや野生動物の餌になるものは何もない。私が考えるに、スギ林のところどころに幅20ｍほどの帯を沢に直角に何本も作り、尾根を越えて次の沢まで通し、スギを伐採、放置することである。放置しておくと、始めいろいろな灌木が生え、イチゴ類とかサルの餌が見られるようになる。そのあとには各種の落葉広葉樹が生えてきて、サルの生息環境に変化する。多少、ブナやミズナラの植樹を追加した方がいいのかもしれない。サルの群れが畑荒らしをして、人間に追い上げられると、この落葉広葉樹林の帯に逃げてくることができる。この帯のあり方については、カモシカ、ツキノワグマその他哺乳類の生態から見てもっと工夫を必要とするかもしれないので、検討が必要である。

・食物連鎖の修復が必要だ

有名な北海道知床半島の自然保護運動に、「しれとこ１００平方メートル運動」がある。その運動の目的の中に、この地にあった原生の森を復元する、本来的な野生生物群集を再生することが述べられている。その目的達成のために、絶滅種の復元が挙げられ、最初の復元種にはヤマメ、その次はシマフクロウ、オジロワシ、オオタカ、クマゲラ、マダラウミスズメの5種の鳥類とオオカミ、カワウソの2種の哺乳類が挙げられた(石城、2005)。志賀高原や白神山地の森林復元にも同様な精神が盛り込まれるべきであろう。

ここ30年ほどの間に日本各地で、シカの爆発的個体群増加があり、すでに各地でシカの樹皮剥ぎによる森林枯死が見られるほど、被害が激化した。このようなシカの暴発は、食物連鎖の上位にいるべきオオカミの絶滅が第一の理由である。ついで、シカを狩るハンターの激減が挙げられる。最近、白神山地にもシカが増え出したとの情報がある。本来、シカは深雪の地域には生息しないのだが、次第に降雪量が減り、それにシカ個体数の増加もあって白神山地にも姿を見せるようになったのであろう。

オオカミはシカやイノシシを主な餌として食べており、シカが増えると、そのあとを追って次第に増え、シカが減り出すと、それを追って減り出すという関係を保ちながら、両者の食物連鎖の平衡を保っている。現在、日本で見られるようなシカの暴発は、オオカミがいるところでは世界的には見られていない。

日本でオオカミが絶滅したのは、明治時代初期といわれており、当時家畜が相次いでオオカミにおそわれたので、毒餌で殺したといわれている。世界的に分布しているオオカミは1種なので、中国、モンゴル、ロシヤに分布するオオカミと日本にいたオオカミは亜種の差しかない。それゆえ、日本に近隣諸国からオオカミを導入する際にも、同種の導入ゆえに問題はない。オオカミの導入に際して、よく質問されるのは、オオカミが人に危害を与えるのではないかとの疑問である。昔、日本にオオカミがいたころの古文書にはオオカミが家畜を襲ったことは頻繁に記録されているが、人を襲ったという記録はない。また、現在ヨーロッパでは、たとえばドイツ東部でオオカミの分布域が拡大しているが、人への危害の情報はない。ドイツの森林率は20－30％程度なのだが、人とはうまく棲み分けている。日本の森林率はほぼ70％なので、オオカミの生息環境を満たしていると言えるだろう。

オオカミの日本への導入は、生物群集の復元と食物連鎖の回復によるシカの暴発阻止をもたらす重要な課題といえるのである。

シカは有蹄類なので、樹皮や小枝をバリバリと食べる。それは、胃袋が４つに分かれていて、第一胃に棲みついている原虫類が木の繊維を消化してくれるのである。サルが樹皮を冬に食べるとしても、樹皮の形成層の部分を消化するだけで、繊維は消化できないのだ。

おまけに、メスジカは生後1年で出産可能で、ほとんど毎年出産する。個体数はみるみる増える。北海道で見ると、全道で１９７０－80年には２０００－３０００頭だったが、１９９０年には1万６０００頭、１９９８年には7万頭に達した。この時期、全国的にハンターが減っており、シカを食べてくれるオオカミが不在なのだ。このような状況は全国的に同じで、現在ではさらにシカが増えて、シカの樹皮剥ぎが目立ち、森林の更新が阻害されている。

スノーモンキーも、雪の降らない地方に比べて、積雪地方の方がオオカミの影響を強く受けるだろう。今、オオカミは日本にいないのだから、全部想像するしかない。冬の泊まり場では、サルは必ず木の上を利用した。地面に雪がないときには、木の上にもいたが、地上に寝転がる個体の方が多かった。オオカミがいれば、夜に地上に寝ているサルは格好の餌にされてしまうだろうし、オオカミがいる地方では、サルの泊まり場は必ず木の上に限定されるだろう。

また、冬、降雪後に群れが1列になって移動しているときは、先頭にいるサルが雪の中を道付けしているわけだから、ゆっくりしているわけで、オオカミから見たら絶好の狙い目になるだろう。春先に雪がしまり、硬くなっているところでも真っ白な雪面に多くの個体がのんびり歩いているわけだから、オオカミに襲われて、すぐ近くに木がなければ、隠れる場所もなく、絶好の獲物になる。

年老いたサルはどちらかというと、群れから少し離れているのが普通で、歩くのも遅い。1－3才くらいのコドモ達は、周囲のことには気にせずに遊ぶことが多い。これらのサル達もオオカミから狙われるだろう。

オオカミから狙われるサルのいろんな隙間があることに気づくのだが、サルとても注意してそれなりにオオカミに対応するだろうが、これまでのようにはいかなくなるだろう。それゆえ、これまでの個体数増加は、雪のあるなしにかかわらず、多少抑えられることになるに違いない。これが本来の生物群集の中のサルの位置づけということであろう。

・スノーモンキーと地域の人達

いろいろ述べてきたが、理想を実現させるためには、何をどのようにしたらいいのだろうか。私達の思い描いているのは、スノーモンキーを保護・保全することなのだから、何よりもスノーモンキーと仲良しになることだ。そのような関係を通して、彼らの生態・社会・生理などあらゆることを知る努力をすることが大事になる。そのような活動をするには、スノーモンキーが棲みついている地域の人達と仲良しになることが肝要だ。そのような人間関係を通して地域に根付いた活動になるというものだ。何かわからないことが起きた時には、スノーモンキーに、あるいは地域の人達に聞くことが大切になるのだ。そして、スノーモンキーの保全に関して何らか改善点が明らかになってきたら、地域の仲間達とともにしかるべき機関に要請をすることもできるのである。さらに大きな運動を起こすとしても、地域が起点になることはいうを待たない。

・人間がよりよく生きるために――自然の論理に従って

人間は、資源として生き物を利用する際に資本の、あるいは市場の論理に従い、自然を破壊し続けてきた。猿害が起こるのも、あるいはその他の野生動物が起こす害でも同じように、獣達の生息環境を奪ったことがその根っこにあるのだ。1950－80年にわたる大面積皆伐、それは規模こそ小さいが現在でも行われている。その中で、今後野生動物の生息環境回復のための森林保全活動に生かし、学び、連携してゆきたい例を紹介する。

①知床半島――すでに説明したように生物群集復元を目的の柱にしている、「しれとこ100平方メートル運動」などに見られる本格的な活動である。②日高山脈――私が1950－60年当時

歩いた北海道の日高山脈に林道はほとんどなく、気持のよい沢歩きが楽しめた。1980年代には、林道は網目状にかぶさって激しい森林伐採が行われていた。道庁はさらに伐採を進めるために日高山脈横断道路建設を計画したが、北海道自然保護協会が中心となって反対運動を起こし、2003年に建設を凍結（佐藤、2001; 俵、2003）、国定公園に指定された。この山系でどのような森林管理が行われたのか、そして今後どのような管理を行うべきなのか見守る必要がある。③白神山地――白神山地の青秋林道の建設阻止と、世界自然遺産地域の区画問題はすでに紹介したし、人工造林の扱いにも課題がある。現地では地道な活動が行われている。④群馬県赤谷川上流域AKAYAプロジェクト（「三国山地／赤谷川・生物多様性復元計画」）（1万ha）――これは、地域住民、日本自然保護協会（NACS-J）、関東森林管理局共同で管理する活動で、2004年に発足。地域の要望をいかにして実現するかを、三者の合議体で行う。⑤屋久島の森林保全の活動――1972年に結成された屋久島を守る会が瀬切川の森林伐採反対運動などを行い、屋久島の森林保全に貢献しつつある。⑥日本の天然林を救う全国連絡会議――人工林は林野庁に、天然林は環境省に管理させるべきだなどと提言し、興味ある活動を活発に行っている。

私は、ニホンザルの保全、そのための生息環境の回復を目指して、多面的に活動を組み立てるために、すでに紹介したような例から学び、連携することを目指したいのである。

あとがき

スノーモンキーという名前は、私が２０１４年に志賀高原に行ったとき、長野駅で見た長野電鉄の特急につけられた愛称であることを知った。それは、長野県では誰もが知っている通称なのであった。

私のスノーモンキー研究は１９６０年に始まり、現在も続いている。当時、大学での指導教官は徳田御稔先生で、ネズミ類の生物地理・進化を専門にしておられた。「君は好きなことをしていいよ」と言いながら、先生の調査地の伊吹山にネズミ調査につれていって下さったりした。優しい先生の対応を良いことにして不肖の弟子は、いかにしてヒマラヤに行けるかを考え、当時活発に海外調査を始めていた京都大学霊長類研究グループを眺めながら、霊長類を調査することに決めた。早速、「お前、南米のサル調査に行かないか」と声がかかり、ヒマラヤとは違ったが、外国に行けるというのでそれっとばかりに出かけた。61年のことだった。アマゾン河でカヌーに乗り、雨期のスコールを浴び、蚊に刺されて思い出すのは志賀高原のスキー調査だった。

10か月ほどの南米調査から帰って、すぐに志賀高原のサル調査に集中した。日本では、まだニホンザルの生態学が本格化していない、いわば初期のころで、やりがいのある調査だった。オスの離群の位置づけ、それに伴う地域個体群の評価、季節による食物の違い、それに伴う遊動域変化、群れ間の棲み分け、などの生態学、二重同心円を跡付けた群れの遊動時の個体の配置、夜のねぐらでの個体間の親密度の観察などの社会学と思い出すときりがない。今年はサル年だし、私もサル年の年男だ。数多くの想い出をなんとかスノーモンキーとしてこの記念すべき年に陽の目を見させてやりたいものだと思う。

これらの時期にはいつも竹節春枝さんがいた後楽館をねぐらにしてわがままをいいつつ居座っていた。最近もその娘の喜久子さん、孫の勝吉君の好意に甘えて下宿をさせてもらっている。地獄谷野猿公苑の常田英士さんとは餌付けではお互いに自分の意見をぶつけ合っても、いろんな調査には積極的に協力してくださった。指導教官の徳田御稔先生はいうことを聞かない弟子の調査を、温かく見守ってくださった。このような、多くの方々が見守り、協力してくださったおかげで、これまでに述べたような調査がのびのびとできたのだった。同時に、多すぎて名前を挙げることはできないが沢山の仲間と共同して調査ができた。このような方々に、長い間、まったくお礼のいいようもないわがままをお許しいただいた。深く感謝の意を捧げる。

また、本書を執筆するにあたり、原稿の内容に詳細な指摘をしてくださった京都大学霊長類研究所の辻大和氏、ニホンザルの繁殖生理に関する資料を下さった新潟大学の野崎真澄氏、ニホンザルの毛の特徴に関する多くの情報を下さった元日本モンキーセンターの稲垣晴久氏、第四紀学に関して貴重な資料を提示し、議論に付き合ってくださった北海道大学総合博物館の在田一則氏、京都大学霊長類研究所の高井正成氏に深謝する。道立総合研究機構中央水産試験場の和田昭彦氏は一般人として、江別市立大麻中学校一年の和田虹《たくみ》君は中学生の立場から本書の内容に関して意見を述べて下さった。お礼を申し上げる。

著者

2016年

引用・参考文献

相見満（2002）「最古のニホンザル化石」『霊長類研究』18:239-245.

赤座久明（1987）「黒部峡谷のニホンザル」『モンキー』216, 217:8-19.

Chang CH., Takai M., Ogino S. (2012) First discovery of colobine fossils from the early to middle Pleistocene of southern Taiwan. *Journal of Human Evolution*, 63:439-451.

Choudhury A (2008) Primates of Bhutan and observations of hybrid langurs. *Primate Conservation*, 23:65-73.

Delson E. (1980) Fossil macaques, phyletic relationships and a scenario of deployment. In: Lindburg DG (ed.) *The macaques-studies in ecology, behavior and evolution*. Van Nostrand Reinhold Company, New York, pp10-30.

Enomoto T. (1978) On the social preference in sexual behavior of Japanese monkeys (*Macaca fuscata*). *Journal of Human Evolution*, 7:283-293.

榎本知郎（1983）「ニホンザルの性行動」『遺伝』37(4):9-16.

藤田志歩・座馬耕一郎・竹ノ下祐二・和田一雄・市来よし子（2015）「大隅半島に生息する野生ニホンザルの群れサイズ——屋久島との比較」『南太平洋海域調査研究報告』56：33-35.

ホール、E.（1970）『かくれた次元』日高敏隆・佐藤信行訳、みすず書房。

市来よし子・常田英士・和田一雄・好広真一（1983）「横湯川流域に生息するニホンザル4群の食性について」『信州大学志賀自然教育研究施設業績』21:19-32.

井口基（1982）「モンキーウオッチングその後」『モンキー』184:28-30.

稲垣晴久（1992）「ニホンザル体毛の地域差」『霊長類研究』8:49-67.

石城謙吉（2005）「「100平方メートル運動の森・トラスト」と絶滅種の復元」『知床博物館研究報告』26:25-27.

井上雅央（2002）『山の畑をサルから守る——おもしろ生態とかしこい防ぎ方』農文協。

伊谷純一郎（1953）「高崎山のサル」、今西錦司編『日本動物記2』光文社。

伊沢紘生（1970）「ニホンザルの保護と野猿公苑のあり方」『野猿』32:49-57.

伊沢紘生（1988）「金華山島のニホンザルの生態学的研究——個体数の変動と群れの分裂」『宮城教育大学紀要』23:1-9.

泉山茂之（2002）「森林限界を超えて——長野県北アルプス」pp.63-77、大井徹・増井憲一編著『ニホンザルの自然誌——その生態的多様性と保全』東海大学出版会。

亀井節夫・瀬戸口烈司（1970）「前期洪積世の哺乳動物」『第四紀研究』9:158-163.
亀井節夫・河村善也・樽野博幸（1988）「日本の第四系の哺乳類化石による分帯」『地質学論集』30:181-204.
亀山 章（1989）「志賀高原における景観の推移と修景緑化の技術的検討」、志賀高原岩菅山自然環境調査委員会編『志賀高原岩菅山自然環境調査報告書』pp.443-488.
Kawai M., Azuma S., Yoshiba K. (1967) Ecological studies of Reproduction in Japanese monkeys (*Macaca fuscata*), 1. Problems of the birth season. *Primates*, 8:35-74.
Kawamoto Y., Aimi M., Wangchuk T, Sherub 2006 Distribution of assamese macaques (*Macaca assamensis*) in the inner Himalayan region of Bhutan and their mtDNA diversity. Primates, 47:388-392.
小見山章・和田一雄・陸斉（1991）「志賀高原横湯川流域における落果量の年次変動——ニホンザルの遊動域におけるブナ・ミズナラ・ミズキの結実」『岐阜大学農学部研究報告』56:165-1174.
町田洋（2010　5.1）「大陸氷床の消長史」pp. 140-146. 町田洋・大場忠道・小野昭・山崎春雄・河村善也・百原新編著『第四紀学』朝倉書店。
牧田肇（1989）「白神山地・青秋林道問題と科学者の責務」『日本の科学者』24 (1):34-41.
三戸幸久（1995）「野猿公苑の消長と将来」『野生生物保護』1:111-126.
宮本憲一（1989）『環境経済学』岩波書店。
水原洋城（1970）「矛盾？」『野猿』32:19-23.
水原洋城（1971）『サルの国の歴史——高崎山15年の記録から』創元社。
水原洋城（1978）「野猿公苑の野外博物館化」pp.8-10、脇野沢教育委員会『ヒトとサル共存の道』脇野沢村。53 pp.
水原洋城（1986）『サル学再考』群羊社。
中山裕里（1983）「下北半島における野生ニホンザル（*Macaca fuscata*）に見られる冬の採食生態の性・年令クラス間の相違」〔１９８３年度北海道大学農学部応用動物学教室卒業論文〕。20.
Nakayama Y., Matsuoka S., Watanuki Y. (1999) Feeding rates and energy deficits of juvenile and adult Japanese monkeys in a cool temperate area with snow coverage. *Ecological Research*, 14:291-301.
日本第四紀学会［編］（1987）『日本第四紀地図』東京大学出版会。119.
日本霊長類学会保護委員会（1996）「野猿公苑のあるべき姿についての提言」『日本霊長類学会霊長類保護委員会ニューズレター』6:1-6.
Nishimura T. D., Takai M., Senut B., Taru H., Maschenko E. N. (2012) Reassessment of Dolichopithecus (*Kanagawapithecus leptopostorbitalis*), a colobine monkey from the late Pliocene of

Japan. *Journal of Human Evolution*, 62:548-561.
野崎真澄（1994）「ニホンザルの季節繁殖リズムの発現機序」*Journal of Reproduction and Development*, 40:106-115.
大橋正孝（1995）「上高地に生息するニホンザル（*Macaca fuscata*）の食性及び行動圏と環境利用に関する研究」［東京農工大学大学院農学研究科自然保護学講座修士論文］40頁。
岡田守彦（1975）「手指の皮膚温からみた志賀A群ニホンザルの局所耐寒性」『生理生態』16:81-85.
佐藤謙（2001）「日高山脈の植物的自然から見た日高横断道路問題」『北海道の自然』39:5-17.
杉山幸丸・岩本俊孝・小野勇一（1995）「餌付けニホンザルの個体数調整」『霊長類研究』11:197-207.
鈴木敬治・亀井節夫（1969）「森林の変遷と生物の移動」『科学』39:19-27.
鈴木敬治・亀井節夫（1973）「第四紀の生物地理」、羽鳥謙三・柴崎達雄編『第四紀』共立出版。pp.269-301.
Takasaki H. (1981) Troop size, habitat quality, and home range area in Japanese macaques. *Behavioral Ecology and Sociobiology*, 9:277-281.
竹内健悟・牧田肇（2008）「教材としての白神山地」『地球環境』13:33-40.
Takahashi H. (1997) Huddling relationships in night sleeping groups among wild Japanese macaques in Kinkazan island during winter. *Primates*, 38:57-68.
滝沢均・志鷹敬三（1985）「白山のニホンザル群、カムリA・C両群の大量消失に関して」『石川県白山自然保護センター研究報告』12:49-57.
滝沢均・伊沢紘生・志鷹敬三（1995）「山地域に生息するニホンザルの個体数と遊動域の変動——その9」『石川県白山自然保護センター研究報告』22:19-27.
俵浩三（2003）「日高横断道路の建設は「凍結」に　激動の一年を振り返る」『北海道の自然』41:1-8.
常田英士・和田一雄（1974）「志賀高原A群を中心としたオスの離群・入群過程」pp.28-34. 和田一雄・東滋・杉山幸丸編『オスの生活史——ニホンザル地域個体群の研究Ⅰ』京都大学霊長類研究所。
常田英士・原荘悟（1975）「ニホンザル志賀A群に関する給餌と行動観察の記録」『生理生態』16:24-33.
Tsuji Y., Kazahari N., Kitahara M., Takatsuki S. (2008) A more detailed division of the energy balance and the protein balance of Japanese macaques (*Macaca fuscata*) on Kinkazan island, northern Japan. *Primates*, 49:157-160.
Tsuji Y., Ito T., Wada K., Watanabe K. (2015) Spatial patterns in the diet of the Japanese macaque *Macaca fuscata* and their environmental determinants. *Mammal Review*, 45:227-238.
Tsukada M. (1982) Late-quaternary development of the *Fagus* forest in the Japanese archipelago. *Japanese Journal of Ecology*,

32:113-118.
上野茂樹（1990）「「青秋林道」の起点の村——西目屋村、砂子瀬地区」p.155-167. 掛谷誠編著『白神山地ブナ帯域における基層文化の生態史的研究』［平成元年度科学研究費補助金（総合A）研究成果報告書］
和田一雄（1964）「志賀高原のニホンザル——積雪期の生態」『生理・生態』2:151-174.
Wada K. (1983) Long-term changes of the winter home range by Japanese monkeys in the Shiga Heights. *Primates*, 24:303-317.
和田一雄（1994）『サルはどのように冬を越すか——野生ニホンザルの生態と保護』農文協。
和田一雄（1998）『サルとつきあう——餌付けと猿害』信濃毎日新聞社。
和田一雄（2002）「青森県西目屋村の猿害と農業との関係について」『ワイルドライフ・フォーラム』7:93-104.
和田一雄（2008）『ニホンザル保全学——猿害の根本的解決に向けて』農文協。
Wada K., Ichiki Y. (1980) Seasonal home range use by Japanese monkeys in the Shiga Heights. *Primates*, 21:468-483.
Wada K., Tokida E. (1981) Habitat utilization by wintering Japanese monkeys in the Shiga Heights. *Primates*, 22:330-348.
Wada K., Matsuzawa T. (1986) A new approach evaluating the troop deployment of wild Japanese monkeys. *International Journal of Primatology*, 7:1-16.
和田一雄・今井一郎（2002）「青森県西目屋村の猿害について」『野生生物保護』7:99-110.
Wada K., Tokida E., Ogawa H. (2007) The influence of snowfall, temperature and social relationships on sleeping clusters of Japanese monkeys during winter in Shiga Heights. *Primates*, 48:130-139.
Wada K., Ogawa H. (2009) Identifying inter-individual social distances in Japanese monkeys. *Mammalia*, 73:81-84.
渡辺毅（1975）「生体計測よりみたニホンザル志賀A群の特徴」『生理生態』16:55-63.
安田喜憲（1982）「福井県三方湖の泥土の花粉分析的研究——最終氷期以降の日本海側の乾・湿の変動を中心として」『第四紀研究』21:255-271.
安田喜憲（1984）「環日本海文化の変遷——花粉分析学の視点から」『国立民族学博物館研究報告』9:761-798.
横田直人・長岡寿和（1998）「高崎山のニホンザルの個体数増加と森林への影響」『ワイルドライフ・フォーラム』3:163-179.
Yoshihiro S., Ohtake M., Matsubara H., Zamma K., Hanya G., Tanimura Y., Kubota H., Kubo R., Arakane T., Hirata T., Furukawa M., Sato A., Takahata Y. (1999) Vertical distribution of wild Yakushima macaques (*Macaca fuscata yakui*) in the western area of Yakushima island, Japan: preliminary report. *Primates*, 409-415.

Zhang P., Watanabe K., Tokida E. (2007) Habitual hot-spring bathing by a group of Japanese macaques (*Macaca fuscata*) in their natural habitat. *American Journal of Primatology*, 69:1425-1430.

張 鵬（2012）「留学生からみたニホンザル研究の意義」pp. 156-157. 中川尚史・友永雅己・山極寿一編『日本のサル学のあした――霊長類研究という「人間学」の可能性』京都通信社。

【著者】
和田 一雄
…わだ・かずお…
1932年札幌生まれ。
1956年、北海道大学獣医学部卒業。霊長類・鰭脚類生態・保全学専攻。
1964年、京都大学理学研究科博士課程単位取得退学。
1970年、京都大学理学博士。
京都大学霊長類研究所（1970−90年）、
東京農工大学（1990−96年）で霊長類や鰭脚類の研究に携わる。
元野生生物保護学会会長。
『野生ニホンザルの世界』（1979、講談社）など多数。

フィギュール彩 78
温泉《おんせん》ザル　スノーモンキーの暮《く》らし
二〇一六年十二月二十九日　初版第一刷

著者——和田 一雄

発行者——竹内 淳夫
発行所——株式会社 彩流社
〒一〇二—〇〇七一
東京都千代田区富士見二—二—二
電話：〇三—三二三四—五九三一
ファックス：〇三—三二三四—五九三二
E-mail：sairyusha@sairyusha.co.jp
印刷——明和印刷（株）
製本——（株）村上製本所
装丁——仁川範子

ISBN978-4-7791-7049-2 C0345
http://www.sairyusha.co.jp

フィギュール彩

〔既刊〕

76 イマージュの箱船　家族・動物・風景

石田 和男◉著

定価（本体 1800 円＋税）

「家族」とは、「動物」とは、「風景」とは…「人」を表面的な能力で価値づけるのではなく、「存在そのもの」に対して絶対的な価値を見いだそうとする「人間理解」が重要となる。

個人の相違や特性を相互に認めたうえでの「社会づくり」を具現化するための文化時評的、「３・１１」後の根源的考察。

2 イギリス文化と近代競馬

山本 雅男◉著

定価（本体 1900 円＋税）

「ハンディキャップ」や「オッズ」、「クラシック・レース」、「サラブレッド」など、競馬を語るときに必ず登場する事柄はどのように誕生したのか？競馬にまつわるエトセトラを通して近代競馬発祥の国、イギリスの文化を知る画期的文化論。ウンチクも満載！

51 岐阜を歩く

増田 幸弘◉著

定価（本体 1800 円＋税）

2006年、日本を離れた著者は、プラハで暮らしはじめ、年に一度、岐阜県で取材を重ねる。農家や職人、工場や研究所を訪ね、観光地を歩き、史跡・旧蹟を回った。ヨーロッパの中央にあるプラハから、日本のど真ん中にある岐阜へ。見えてきたのは、真摯に、たくましく生きる人びとの姿。